美丽乡村庭院
设计导则

严少君　孙丽　徐斌　黄敏强　陈继林　申亚梅　编著

中国林業出版社

图书在版编目（CIP）数据

美丽乡村庭院设计导则 / 严少君等编著 . -- 北京 : 中国林业出版社 , 2022.9（2024. 7 重印）

ISBN 978-7-5219-1868-7

Ⅰ . ①美… Ⅱ . ①严… Ⅲ . ①乡村 – 庭院 – 园林设计 Ⅳ . ① TU986.2

中国版本图书馆 CIP 数据核字（2022）第 173943 号

策划编辑：杜娟
责任编辑：杜娟　李鹏
电　　话：（010）83143553

出版发行　中国林业出版社（100009　北京市西城区刘海胡同 7 号）
印　　刷　北京中科印刷有限公司
版　　次　2022 年 9 月第 1 版
印　　次　2024 年 7 月第 3 次印刷
开　　本　710mm × 1000mm　1/16
印　　张　6
字　　数　100 千字
定　　价　39.00 元

编委会

主要著者

严少君　孙　丽　徐　斌　黄敏强　陈继林　申亚梅

参与人员

吴晓华　陶一舟　黄温翔　陈倩婷　吴倩倩　陈　倩

刘　超　蒋润云　张梦梦　单　翠　郑叶静　刁智辉

李思梦　赵玲玲　陈　琳　李朝晖　金　婷　陈　程

田庆伟　王宇凤　杜煜瑶　陈方泽　梁新乐　徐　奕

吴　振　张　昕

参与单位

浙江农林大学

浙江农林大学园林设计院有限公司

杭州凰家园林景观有限公司

编者的话

中国人都有“庭院”情节，无论过去、现在还是将来，只要有一方土，就能创造一番属于自己的世界。这就是庭院给中国人带来的幸福感。

随着社会的发展，人们生活水平的提高，中国乡村生活进入新的时代，无论是乡村居民自身生活需要，还是政府推进未来乡村建设工作，乡村庭院建设成为多方关注的焦点。美丽庭院建设不再是城市低密度住宅专属的空间，已经普及到中国乡村的角角落落。于此同时，浙江省政府 2022 年发文提出开展未来乡村建设，在指导意见中，指出到 2025 年建设 1000 个以上的未来乡村，其中明确指出抓紧落实美丽庭院建设工作。因此，人人参与自家庭院建设越来越普遍，亟须庭院景观营建知识的指导。因此，作者团队根据多年来的乡村庭院营建经验，结合对乡村居民的走访与调研，在浙江省重点研发项目——乡村生态景观营造技术研发浙江省乡村生态景观营造技术推广与示范项目（2019C02023）的支撑下，编写了适合初学者及普通百姓需求的入门级读物《美丽乡村庭院设计导则》。

本书从庭院功能及庭院风格两种分类出发，较为全面地介绍不同庭院的特点及营造方式，增加居民对乡村庭院风格、设计手法、铺装材料、景观小品、植物配置等多方面的了解，为村民打造乡村庭院提供参考及设计指导，鼓励更多村民参与到乡村庭院建设的队伍中去，从而打造更加美好的生活环境。

目　录

深入乡村庭院

4 乡村庭院的设计

施工与养护庭院

5 施工与养护管理

案例篇

初识

乡村庭院

1 乡村庭院的定义

1.1 乡村

一般来说，“农村”和“乡村”都是相对于城市而言，平常用语中意义几乎相同，可以通用。究其区别，农村往往和农业联系在一起，《现代汉语词典》中将农村定义为从事农业生产为主的劳动人民聚居的地方。随着社会生产力不断进步，农民生活水平不断提高，农村产业结构由单一的第一产业向第一二三产业融合发展转变，“乡村”一词逐步取代传统“农村”用语，在2021年通过的《中华人民共和国乡村振兴促进法》中，“乡村”指城市建成区以外具有自然、社会、经济特征和生产、生活、生态、文化等多重功能的地域综合体，包括乡镇和村庄等。

1.2 庭院

庭院作为建筑空间，具有深刻的历史继承性，是中国几千年来传承至今的群体组合模式。同时，其又作为传统文化的载体融入居民生活。在中国古汉语中，“庭院”一词由“庭”和“院”合成而来。“庭”最初与“廷”字通假，《文源》曰：“廷与庭古多通用。”其在“廷”的基础上加了“广”，意味着庭向建筑围和，或又说明庭院建筑向一侧开敞[1]。“院”，白话版《说文解字》注：院，坚壁。字形采用“左耳旁”（阜），“完”是声旁。其造字本义是僧人道士筑在高山上四周有墙垣围绕的安宁无扰的居所。《玉篇》中：“庭者，堂前阶也”“院者，周垣也”，指的就是房屋前方的宽阔地带。“庭院”作为词语，合并在一起使用，最早是在《南史·陶弘景传》记载：

“（弘景）特爱松风，庭院皆植松。每闻其响，欣然为乐。”

庭院是以建筑作为主体，在一定范围内围和而成的空间。居民由于当地的地理环境、气候特征、历史文化等不同，形成了以院墙围合建筑或建筑群、以建筑围合而成的室外空间、以柱廊墙垣等围合、以建筑围合建筑[2]等不同的庭院围和形式。依据中国传统观念，庭是指堂前屋后的空地，院是指围墙围合而成的活动空间[3]，是室内外的过渡空间。居民有生活和情感的需求，就像人与人之间相联系的纽带。现代意义上的庭院空间与传统民居的庭院空间相比具有一定的差异性，它包括了家庭成员内部的活动空间和集合体的公共空间双重空间属性[4]。

1.3 乡村庭院景观

乡村庭院景观是指在乡村范围内以庭院作为土地单元形成的综合体，包括了菜地、花园、水域等生态系统，是人们在自然环境的基础上进行一系列的人为活动而形成的人与自然相结合的综合体，具有自然系统的生态性以及人类活动的文化价值。在进行乡村庭院景观研究时，要综合考虑庭院景观所包含的三方面的内容：①景观的视觉特征形成的美学价值；②以人为主体而形成的人的社会需求价值；③庭院的空间构成及内部的生态系统形成的生态价值。

1.4 美丽庭院

美丽庭院作为可听、可看、可操作、可复制的庭院建设样板，引导更多村民参与到乡村庭院建设队伍中。2011 年 2 月 24 日，杭州市庭院整治工作会议在临安召开，会议部署了建设“美丽庭院”任务，要求各地各部门要积极探索、大胆实践，集聚社会力量，形成党委政府重视、妇联组织牵头、有关部门配合、农村家庭参与的庭院整治工作格局，使“美丽庭院”成为杭州市新农村建设的一道亮丽风景；2013 年 6 月起，全国各省、自治区、直辖市妇联围绕全国妇联关于家庭建设的部署和各省省委实施农村面貌改造提升行动的要求，紧扣家庭道德文明主题，创新开展美丽庭院创建活动；2021 年，《中共中央国务院关于全面推进乡村振兴加快农业农村现代化的意见》

中将“开展美丽宜居村庄和美丽庭院示范创建活动”列入农村人居环境整治提升五年行动序列。

美丽庭院指导标准因地方而异，如杭州地区以“布置美、整洁美、绿化美、家风美、公益美”这“五美”为标准，依标创建美丽庭院可有效改善农村人居环境，全面提升人民群众生活质量，同时可以由点带面推进乡村文明建设，群策群力助力乡村振兴（图 1-1）。

图 1-1　美丽庭院案例（应君 摄）

乡村庭院基本内容

乡村居民与城市居民的日常行为方式、角色认识、心理需求都有比较大的差别，加之乡村庭院空间功能的复杂性以及村民对庭院经济的重视，对乡村庭院的发展产生了巨大影响，这样的现状决定了乡村庭院必定不同于传统的私家庭院和现代的城市庭院[5]。设计者通过庭院基本功能、空间布局、基础设施、人文环境等方面对乡村庭院有一个初步认知，以明确乡村庭院的优势，并将全国美丽庭院建设中的优势应用到乡村庭院中。目前，乡村庭院景观的研究主要集中于乡村庭院生态文化、乡村庭院经济[6]、乡村庭院景观要素三个方面。

2.1 乡村庭院生态文化

生态文化是指人类在实践活动中保护生态环境、追求生态平衡的活动成果，包括在人与自然相互作用的过程中形成的价值观念、思维方式等[7]。狭义的生态文化是以生态价值观为指导的社会意识形式[8]。乡村庭院生态文化是指在乡村庭院的环境内，形成的人与自然和谐共生的生态价值观念。它既包括用生态化的材质营造庭院景观，也包括生态化思想下的庭院生态景观营造方式。

对传统庭院的研究可以看出传统庭院景观营造中的生态文化内涵。唐德富的《我国古代的生态学思想和理论》中记述了庭院生态的发展历程及庭院生态的典型设计层次[9]；何建美在《中国古代庭院空间比较研究》中，从文化角度分析了中国古代庭院空间中体现的文化[10]。通过乡村庭院的研究，结合不同地区的特色，不同的学者可以得出不同的结论。陈文芳提出绍兴茶叶特色村庭院生态景观营造需要遵循四项基本原则：生态效益优先原则、美观实用原则、结合茶文化原则、以乡土植物为主原则[11]。马宗宝、马晓琴介绍了少数民族善利用可再生清洁能源营造人与自然和谐相处的人居环境机制[12]。还有的学者从影响庭院景观的因素出发，为营造更适宜的庭院人居环境提供参考。在印度的班加罗尔庭院研究中，学者根据庭院使用者的体验舒适度，分析太阳辐射和建筑气候等因素对庭院的影响[13]。刘霞、王志芳结合新疆喀什的区位特征，阐述气候和文化双重因子影响的乡村庭院景观[14]。杨经文在庭院空间设计中融入生态理念[15]。为了更好保障庭院的生态文化建设，一些地方制定了相关法规，如《吉林省美丽庭院和干净人家创建标准（试行）》[16]。

2.2 乡村庭院经济

乡村庭院经济是指农户充分利用家庭周围的空地，从事高度集约化商品生产的一种经营形式[17]，包括庭院种植栽培和禽鱼养殖两方面。对于庭院经济的研究，主要集中于运用庭院空间创造价值和财富，给居民提供良好的生活环境。同时，也有通过研究将低成本理论运用在乡村庭院植物配置的可行性和实用性[18]，降低庭院建设成本。20世纪70年代，于光远提出庭院可以作为利用的空间，填补了庭院经济研究的空白[19]。近年来，学者根据不同地区乡村庭院的不同状况，可对乡村庭院经济开展研究，从而提出乡村庭院经济发展的类型及多种建设模式。总结国外关于庭院经济的研究成果，目前国外有三种庭院经济类型：食物辅助型、生态环保型以及休闲观光旅游型[20]。刘娟娟从生产系统、环境系统、水资源利用系统、能源系统四个方面对可持续庭院要素进行分析，提出乡村可持续模式设想[21]。陈明将节水、节能、节地、节材技术运用到建筑空间布局中，进而提出四种节约型生态住宅庭院模式，以期为西北地区农村庭院建设发展提供参考和借鉴[22]。崔卫芳等人通过对三江源自然保护区的实地调查，构建了以太阳能辅助沼气系统为主的庭院生态经济模式[23]。聂晓嘉等人通过总结传统庭院规律，提出“庭院经济”构建模式——“五小庭院模式”[24]，并进行庭院景观改造和空间功能布局重构。可以看出，随着经济的不断发展，乡村庭院经济也处于不断变化之中，其发展能够改善乡村的人居环境并发展乡村经济。

2.3 乡村庭院景观要素

乡村庭院景观要素包括空间分割、构筑物、地面铺装、植物盆栽、水景和景观小品六大要素。对于乡村庭院景观的研究主要集中于乡村庭院空间分割、植物盆栽和景观小品。

在庭院空间研究领域，主要从空间的划分、空间文化等方面进行。在空间的划分方面，可以根据传统园林要素来组织空间[25]，以传统文化的角度概括传统庭院的体系特征，并探求其继承途径[26]。庭院空间的组合及其尺度的大小也能增加庭院景观的趣味，如韩国民居庭院为前园后庭，并设置花墙，院墙与建筑灵活组合，形成开敞的庭院空间，使空间尺度更为宜人[27]；日本高野好造在《日式小庭院设计》一书中对新式日本庭院的修建方法做了介绍[28]。空间意境的营造是传承地域文化，追求美好的体现，这在中国民间庭院中尤为突出[29]；国外传统庭院在满足生产和满足生活需求的同时，融入乡村居民的记忆和情感，增强乡村居民的归属感[30]。

庭院空间文化的不同，会形成各具特色的庭院。根据庭院空间的功能，又可以形成村民常住型、休闲度假型、文化体验型和公共服务型四种类型[31]。而在现今，许多乡村庭院因建筑的围合方式不同，其表达形式呈现多样化，但是大多研究显示，庭院空间呈内向性的空间特性[32]。乡村庭院绿化是指在房前屋后的零星空地种植花草树木[33]，美化环境，改善周边的生活质量。庭院绿化要以多种植物形成层次丰富的组团，并注意色彩的多样化[34]。

当前对于庭院绿化的研究主要从设计、生态、模式等方向出发，常见的模式有园林庭院型、花卉庭院型、林果庭院型和林木庭院型[35]。众多学者通过研究，确定乡村庭院景观的植物选择、植物种植方式、植物配置形式以及庭院植物后期的养护管理等内容。井田洋介的《花与草的庭院》[36]和《小庭园》[37]将庭院分为不同的功能空间，介绍了日本花草庭院的具体做法。有的学者从乡村庭院的可食性景观角度出发，尝试将乡村庭院可食性景观应用于乡村庭院的设计中[38]。部分乡村庭院将绿化与庭院经济相结合，通过种植瓜果蔬菜，美化庭院环境的同时获取经济效益。

不少庭院景观中的景观小品主要是将其作为庭院装饰元素进行设计，重在实践方面。美国谢尔登（Kathy Sheldon）在《院墙・栅栏》中对庭院院墙和栅栏的风格、规模与功能进行详细描述[39]；英国罗伊・斯特朗（Roy Strong）的《庭园装饰元素》中讲解了庭园装饰原则、装饰范例、装饰元素等方面的相关内容[40]；凯尔比（Janice

Eaton Kilby）的《庭院座椅》详细论述了庭院座椅的类型及装饰性[41]。

综合以上研究发现，研究者与实践者均从不同的角度对庭院设计进行了分析，结果表明了庭院作为建筑空间的组成部分，在景观设计过程中应遵从主题，充分运用相关景观要素，开展空间布局，并结合功能、美学等原理开展景观营造，才能构建满足时代发展、乡村文化传承、居住者需求的乡村庭院景观。

走进

乡村庭院

乡村庭院的类型

乡村庭院依据不同的分类标准分为不同的庭院类型，如从庭院功能划分，可以分为生活类庭院及经营类庭院两种；从庭院风格划分，可以分为传统庭院及现代庭院两种。

3.1 按庭院功能分类

3.1.1 生活类

（1）内涵

乡村庭院与城市庭院不同，不受地段限制，取材于自然，是与自然亲密接触的，生活型庭院是农村庭院中最常见的一种类型，主要用以满足村民的生产需求和日常生活使用，设计与建设时首要考虑的是生活审美需求。

（2）基本特征

乡村庭院空间是“家和文化”在建筑的外部展示，庭院的不同建设类型是家庭氛围的承载，体现主人的意志。庭院空间的本质是交流空间，无论是与家人的交流还是与邻里之间的交流都发生在庭院场所中，所以更加关注居住空间中交流空间的营造，承担着居民交流、纳凉、聚餐等各项社交娱乐活动，所以庭院的休闲功能也成为了生活类庭院最为重要的一项功能需求。

3.1.2 农家乐（民宿）经营类庭院

（1）农家乐（民宿）基本规定

文化和旅游部发布的《旅游民宿基本要求与评价》（LB/T 065—2019）中“民宿”指利用当地闲置资源，民宿主人参与接待，为游客提供体验当地自然、文化与生产生活方式的小型住宿设施。适用于正式营业的小型旅游住宿设施，包括但不限于客栈、庄园、宅院、驿站、山庄等。农家乐是指以城郊或乡村的农户家庭为接待单位和地点，以城郊或乡村的田园风光、自然景色、农业旅游资源、地方民俗文化、周边旅游景点为旅游资源，为游客提供住宿餐饮、旅游咨询或观光游览、农家体验活动旅游活动项目的一种新型旅游业。《浙江省民宿（农家乐）治安消防管理暂行规定》中所指的民宿（含提供住宿的农家乐，下同），是利用城乡居民自有住宅、集体用房或其他配套用房，结合当地人文、自然景观、生态、环境资源及农林牧渔业生产活动，为旅游者休闲度假、体验当地风俗文化，提供住宿、餐饮等服务的处所。民宿的经营规模，单栋房屋客房数不超过 15 间，建筑层数不超过 4 层，且总建筑面积不超过 800 平方米。

由此可见，民宿和农家乐本质上是没有区别的，都是利用自有住宅或其他闲置资源，以周边各种资源为依托开发各类活动的处所。在浙江省相关规定与指导意见中，并没有将两者区分开，都是概括在一起。本文涉及的民宿（农家乐）是没有区分的。

（2）基本特征

①强调庭院景观生态性

民宿（农家乐）庭院景观建设不是单独的个体，对外要和周围的大环境相协调，对内要形成自己的小气候。好的生态环境是生活的基本要求，是游客追求高品质生活的基础。庭院“生态性”主要包括四个方面：

a. 植物选择与种植上应保护原有乡土植物，杜绝外来物种的侵入，保护生态群落间的稳定，合理控制各种类植物之间的比例。

b. 庭院空间布局上要遵循最小干预原则，尽量按地形来设计，避免大面积开发。

c. 庭院休闲设施和景观小品风格应与周围环境相协调，形成统一的风格，杜绝张冠李戴，胡乱搭配。

d. 庭院建筑装饰应该符合建筑的风格，结合当地文化特色，应做到低碳环保。

②注重庭院乡土性景观意象的表达

景观意象是指环境以其外形的特征，让人具体可见，有着明显的可识别性。乡村民宿旅游目的是民，民宿的“民”意味着亲民，近民，是人们接近当地自然环境，接触当地乡土人文的途径，是人们返璞归真、回归自然的心愿。庭院景观的乡土性是很难道听途说的，只有通过具体的景观意象来表现，游客才能有所感受。

乡村散发着浓厚的原生态味道，在进行庭院设计时，要考虑保留这种乡土性，继承乡村地域景观和文化特征。民宿（农家乐）庭院建设过程中，应该从乡村当地的文化内涵出发，确定庭院景观意象风格，再进行庭院景观的营造。

③反映乡村农业文化内涵

农业文化包括物质实体和精神文化：物质实体包括农业耕作方式、耕作器具，以及与此相关的其他类型附属品；而精神文化则包含了乡村生活习惯、风俗礼仪、农事节日节庆。中国本就是个农业大国，乡村农业文化更是根深蒂固，在民宿（农家乐）庭院中加入农业文化因素，再现农耕场景，能够更好地满足游客亲近自然、回归田园生活的心愿。

④注重游客参与体验性

民宿（农家乐）庭院建设过程中不能忽视活动区域的划分，应该满足不同游客的功能需求，使得民宿的活动内容更加丰富与多元化，吃在乡村、游在乡村、玩在乡村，满足游客心理和身体的需求。丰富民宿发展机制，寓教于游、游玩共享，以追求民宿更大的发展空间，从而创造更大的经济效益。

⑤景观、游憩、生产三大功能相结合

民宿（农家乐）主要服务对象是外来游客，要为游客提供旅游服务。对内，民宿（农家乐）庭院要照顾到居民的生活起居；对外，民宿（农家乐）庭院要考虑游客的休闲放松。在庭院景观营造中顾及到这两个方面，就做到了三者的结合。民宿（农家乐）的庭院丰富了建筑周边环境，在设计中，具有很大的操作性，通过合理划分活动区块，能够避免游憩和生产功能的冲突，然后在不同空间区块配置不同的植物，或经济作物，或观赏植物，再通过游览动线进行空间组织。民宿（农家乐）中的景观功能与游憩、生产功能结合时，以景观功能为主。民宿（农家乐）本就是以营利为目的的庭院，好的景观能够提升民宿品质，吸引游客，是庭院能够利用的资源优势；生产功能在满足居民日常生活需求的同时，能够增加民宿（农家乐）的乡土味；游憩功能是庭院为游客和经营者提供的基本需求，而景观功能是庭院设计要呈现的最终视觉效果，三者是具有内在联系的。

3.2 按庭院风格分类

3.2.1 传统庭院

（1）中国式庭院

中国式园林崇尚自然，以江南明、清园林为代表，有着独特而鲜明的民族风格和民族色彩。中国式园林风格的形成与发展，深受我国先秦文化中自然美学思想的影响。结合气候与中国传统文化将中国传统庭院大致分为三个支流，即北方的四合院、江南庭院和岭南庭院。以上庭院风格有些被借鉴于乡村庭院，但是多应用于经营性乡村庭院。

①北方的四合院

指四面围合的庭院，有小四合、大四合庭院之分。主要凝聚了“天合、地合、人合、己合”的哲学思想。从布局看，小四合院一般供一家人居住；大的四合院一般根据主人的身份和财力形成多进式的院落，有着严格的等级地位划分，庭院无论大小，根据空间的尺寸，在其中种植相关植物、布置园林小品与建筑，满足主人的生活活动需求。在古代常见于官员、富人的府邸，而现在作为一种模式被借鉴，常用于城市低密度住宅，少见于乡村。

②江南庭院

主要来自江浙一带。庭院的营建模式与江南历史文化密不可分，有着浓郁的水墨山水意境，构图多以曲线为主，讲究曲径通幽，建筑多以亭台楼阁为主，注重美的外形；在一个园林之内多划分为数个小庭院，以求达到幽静的效果和风水的“聚气”。例如苏州的网师园（图 3-1）、留园等；安徽徽派系列的庭院设计（图 3-2）等。此类形式延续至今，造景手法被延续，形成一定的供主人休闲、娱乐的景观空间，常见于民宿等经营性类型庭院。

③岭南庭院

主要分布于广东、福建一带，与当地亚热带季风气候特征有关。庭院的布局为建筑绕庭，形成前庭后院或前宅后庭模式，并建有书斋侧庭。建筑形式呈现中西合璧的风格，既有亭廊挂落，也有罗马式的拱形门窗和巴洛克的柱头，用条石砌筑规整形式的水池，厅堂外设铸铁花架等，深刻体现了岭南文化的特点。当前保留下来的庭院有岭南四大园林清晖园、余荫山房、梁园、可园及其他园林。该庭院形式主要取决于建

图 3-1　网师园（申亚梅 摄）

图 3-2　耿城镇谭家大院效果图（杨骏 绘制）

筑风格，其庭院特征主要体现在布局的特殊性与地带性植物的使用。也常见于经营性庭院。

（2）日本庭院

日本庭院的设计风格受中国秦汉文化的影响较重，其设计手法与中国古典园林有着不少相似点。现在的日本庭院风格之所以能够自成一体，是因为在后来的发展过程中，日本结合了其自身的历史与独特的民族文化。从模仿中国古典园林的自然山水向人文山水过渡，从诗情画意的浪漫情趣走向枯、寂和侘的境界。

日本庭院风格以枯山水式为代表，是在“禅宗”哲学的基础上建立起来的具有独特审美观的设计。讲究用质朴的素材和抽象的手法表达玄妙深邃的儒、释、道法理，追求“空”“虚”“无”的境界。其具体的表达方式包括：一从时空关系来说，日本庭院追求的是瞬间的永恒，具有静止的时空特征，表达的是一种无序的永恒性；二从审美追求来说，日本庭院追求的是意境的抽象性和简明性；三从构成要素来说，追求材料的纯粹性与真实性，反对过分的装饰，一般多运用砂、石、水等单一的物质要素表达“禅”境的氛围。

日本庭院形式较中国来说较为多样，按功用的不用可分为主庭、茶庭、内庭等；按建造风格的不同可分为筑山庭、平庭、枯山水庭院、池泉庭院等。主庭与中国传统庭院大致相似；茶庭也称露地，是指进入茶室的一段空间，它是源自日本茶道文化的一种庭院形式，有很强的禅宗意境；筑山庭顾名思义是建造人工山体，偏重于在地形上筑土为山；平庭注重在平坦的基础上追求深山幽谷的玲珑、海岸岛屿的渺漫等效果的园林规划；枯山水庭院在日本的庭院设计中极具有代表性，常以砂代水，以石代岛，追求禅意的枯、寂、美；池泉庭院表现的是微缩的真山水，常以池泉作为园景的中心，在水池中设溪坑石代表岛屿，与岸相连的驳岸称中岛，且按位置的不同而称为龟岛、鹤岛、蓬莱等名，与此相同，立在水中或砂中的岩石也都有相应的名称，很具意境。而在当下，此类型被应用于现代景观中，形成了具有自然风格的庭院特色（图 3-3）。

（3）欧式园林

欧式园林整体风格规整而恢弘、文明而自然。它融合了法式的规整和英式的自然浪漫，常以曲形的拱门、平静的水池、雕花的栏杆和立柱的形式呈现，再配合以精心修剪的矮丛植物，充分展现了欧式风情。

欧洲庭院按风格划分，大致可以分为五种类型，即意大利台地园、法式水景园、荷兰式规则园、英式自然园和主题园。虽然有五个分支，但它们并不是各自一体，而是一脉相承的。

首先，以意大利的台地园为起点。其庭院设计继承了古罗马人的园林特点，在庭院前开辟“梯田”式的台地，采用规则式布局，中间引出中轴线，两旁种植杉、松类高耸的大树，平台、花坛、雕塑等小品对称布置，采用黄杨或柏树组成花纹图案的树坛，一般突出常绿树而少用鲜花。常用水景样式有盆式小喷泉和壁泉。

图 3-3　日式传统庭院（枯山水形式）（申亚梅 摄）

第二，因法国多河流湖泊，意大利式台地院传入法国后，其中轴线对称式均匀的规则式布局虽然没有改变，但法式庭院常将圆形或长方形的大型池塘设计在中轴线上，并沿池塘两边常设计平直的窄路。

第三，规则的中轴式对称庭院设计流传到荷兰后，其矮型树木被荷兰人修剪成了几何形状或各种动物的形状，这种改变为庭院环境增添了很多情趣。

第四，由于人性情的差异，更喜欢自然的树丛和草地的英国人，相当讲究植物本身所展现的自然美，以及庭院环境与院外自然环境的融合性。英国庭院设计注重花卉的形、色、味、花期及丛植方式的和谐统一，如体现香草植物的主题园（图 3-4），如“玫瑰园”“百合园”“鸢尾园”等，十分雅致、美观。

图 3-4　英国丘园规则式的香草主题花园（叶喜阳 摄）

3.2.2 现代庭院

（1）自然式庭院

自然式庭院源于 20 世纪“回归自然”口号的提出。自那时起，人们的衣食住行开始狂热地追求自然。自然式庭院主要是指以自然理念为设计法则的庭院样式。设计手法上讲究模仿天然景观的自然美和野趣美，尽量不显露明显的人工痕迹、结构及材料；设计意境上追求“虽由人作，宛如天成”的美学境界。这种庭院设计理念依托在传统文化的精神追求的基础上，结合当下“与自然和谐共生”的生态哲学思想，更懂得尊重自然，营造更能与自然和谐相处的庭院环境（图 3-5）。

（2）规则式庭院

西式庭院又称规则式庭院，以欧洲庭院样式为代表。它是随着现代经济的发展而逐渐兴盛起来的，其发展趋势就我国来说是越来越盛行，在我国不少地方的城镇中都出现了大面积人为造作的这种非自然景观。这种人为的、极具平整感和清洁感的庭院

图 3-5　江南传统园林（申亚梅 摄）

图 3-6　英国家庭庭院（叶喜阳 摄）

环境设计风格，极大地丰富了我国现代园林和现代庭院的样式与格局。

规则式风格的庭院构图在平行要素上常以几何、轴对称形式呈现；在垂直要素上常以规则的球体、方形、圆柱体、圆锥体等形式呈现。设计理念上最大限度地追求人工美。

西式庭院按照构图的不同，可以分为对称式庭院和不对称式庭院两种。对称式庭院具有明显的在庭院中心点处相交的两条中轴线，将庭院完全对称地分成四个部分。规则对称式庭院给人宁静、稳定和秩序井然的感觉，显得整洁大方（图 3-6）。不对称式庭院一般由两条轴线组成，但两条轴线多不在庭院的中心点处相交。这种庭院的单种构成要素多为奇数，景物的设计一般只注重调整庭院视觉重心而不强调重复。相对于几何形状的布局方式，不对称式庭院布局会显得较为动感、活泼。

西式庭院与自然式庭院，从某种程度上可以说基本是两种美学理念截然相反的庭院风格。但就发展情况来说又平分秋色，不相上下，这就说明其存在是有很大的优势与合理性。首先，西式庭院便于管理，很适合现代人忙碌的生活节奏；其次，西式庭院具有很强的秩序感和开阔感，能给人以美的视觉享受。这些优点使得西式庭院深受人们与设计界的欢迎。

（3）混合式庭院

混合式庭院顾名思义是由其他风格的庭院相连接、相糅合而成，但又自成一体，有着自己相对的特点与优势。混合式风格庭院是运用自然式庭院与西式庭院相结合的手法，使自然与规则、野趣与秩序、动与静得到很好的统一，有着独特的艺术韵味。

混合式庭院按其偏向自然式庭院与西式庭院设计法则程度的不同，大致可以将其分为如下三种表现形式：第一种是以欧洲古典贵族庭院环境设计样式为代表的规则构成元素呈自然式布局的形式；第二种是以我国北方的四合院庭院样式为代表的自然式构成元素呈规则式布局的形式；第三种在现代设计中较为常见，表现为规则的硬质元素与自然的软质元素的自然衔接。

混合式庭院设计风格的兴起对现代庭院环境设计具有很大的启示和指导意义。首先，混合式庭院把两种看上去完全相反的庭院设计理念糅合在了一起，并且使这种在人们定向思维中会觉得很怪异的景观设计显得相当美观，说明了矛盾的双方是可以相互转化的，庭院环境景观设计不应该在刻板的法则中墨守成规，而应该大胆地尝试新的方法和理念。其次，混合式庭院还将传统的庭院设计融入室内设计，使室内空间与室外空间得到很好的联系，丰富了庭院的内涵与外延。具有代表性的设计有广州白天鹅宾馆的“故乡水”中庭设计，将庭院景观引入室内空间。

混合式庭院环境设计是在吸取东西方庭院环境设计的营造思想与手法的基础上发展起来的，它使庭院的空间布局更为开阔灵活、形式更为简洁大方、功能更趋于完善，满足了人们对休闲与游憩的需要，是很具有创新意义的发展形式，例如运用当地自然材料，通过立面图案的改造，融合植物弥补空间的手法，构建成混合式的乡村庭院景观（图 3-7）。

图 3-7　混合式的乡村庭院景观（申亚梅 摄）

深入

乡村庭院

乡村庭院的设计

4.1 乡村庭院设计原则

（1）生态性原则

庭院设计时要注重庭院的生态性原则，要保持自然气息，尽量减少对庭院原有植物及水土进行移动及破坏，少用或不用会对环境造成污染及破坏的元素，多采用当地自然元素。

（2）和谐性原则

尽量寻求风格、材料、色彩、线条等元素的整体协调，设计元素可以多样化，但要保证庭院从整体到局部的风格协调统一。

（3）功能性原则

合理安排庭院空间以更好地服务于居住者，为其拓展室外活动空间，如日常起居、庭院聚餐、休闲游憩及生产等。

（4）经济性原则

统筹考虑庭院建设成本、后期养护及其他费用，优先考虑使用年限长、耐久性强的庭院材料及多年生且养护成本低的庭院植物。

（5）美观性原则

打造一个四季有景的美丽庭院，从形态、色彩、气味等多方面进行统筹设计，如庭院植物要春天花红叶绿、夏季绿荫浓浓、秋季硕果累累、冬季叶色斑斓。

（6）艺术性原则

庭院的意境体现既可以是传统的“天人合一”的境界，也可以是有景可观、有景可玩、有景可听的现代景观。

庭院这类艺术品在成“境”之后就成为欣赏者游乐之所。一座耐人寻味的庭院形象和情趣可触发游人产生不同的联想和幻想，换言之艺术性原则的在庭院中的体现就是有“意境”，而且是持久的意境，突出表现为：

①诗情

常说“见景生情”，意思是有了实景才触发情感，也包括联想和幻想而来的情感。

②画意

庭院是主体的画卷，对于庭院中自由漫步的游人来讲，有景可观、有景可玩、有景可听的现代景观带给游人不一样的如画之感。

4.2 乡村庭院设计流程

（1）了解自身需求

首先要对庭院规划有一个初步的概念，提前与家人商量，分析家庭人员的结构，明确庭院的功能需求，如是否需要停车空间；是否要种植蔬果空间；是否要室外休憩空间；是否需要游憩空间；是否要宠物空间等。

（2）确定庭院风格

在充分了解自身需求后，可以根据社交媒体、杂志书籍中寻找自己心仪的庭院风格，配合当地地理环境及人文特色，明确庭院设计主题与风格。

（3）划分庭院空间

在明确庭院风格及自身需求后，根据实际情况及自身活动规律，合理划分庭院空间，绘制庭院设计草图，明确园路、铺装场地及功能区块范围。选择与主题及当地气候条件相契合的植物、材料等。

乡村庭院设计时首先进行空间的划分，从功能上可以划分为游憩活动空间、功能空间等；从空间形式可以分为开放空间、半开放空间、私密空间等。乡村庭院环境改造是为户主提供休闲需求场所，满足居民正常生活。划分空间时先明确开放、半开放、私密三种主要空间。再结合功能需求划分休闲区、晾晒区和活动区。晾晒区尽量留有足够面积空地满足使用需求，休闲区可设置廊架、座凳等休憩小品。庭院活动区可选择一些色彩鲜艳、无毒无害的植物，设置花卉观赏空间供老人休闲活动，增加草坪空间满足儿童玩乐需求。空间设计中也可以选择地栽、造型盆栽灵活装饰院落的不同空间。

空间围合时可以采用半通透的空间围合形式，比如：植物绿篱、铁艺围栏、中式漏窗等，不仅可以借庭院外溪流景观和田园景观，还能形成一定领域感。

（4）确定预算投资

明确自身对庭院建设能接受的总投资额，以庭院设计草图进行大致预算，通过预算充足与否来控制庭院后续深化细化设计的繁简程度。

（5）深化庭院设计

深化细化前期的庭院设计方案，合理布置水景、景墙、铺装、绿化、小品、设施等，挖掘场地特色，设计出自身满意的兼具美感与功能性的庭院。

（6）庭院个性定制

在庭院建设过程中，可考虑旧物利用或者改造，为自家庭院增添光彩。

4.3 乡村庭院景观要素

4.3.1 植物

乡村庭院空间的功能很大程度上是为了满足村民生产生活的需求，方便村民拥有更好的生活，所以乡村庭院的植物在选择上多偏向于生产性的植物，比如蔬菜、水果。当然为了增加庭院色彩的丰富度以及整体景观的观赏性，还会选择一些观赏植物。因此本书从乡村中常用的植物种类出发，选择从花卉、果树、蔬菜三个方面介来绍乡庭院中常用的植物类型。

（1）花卉

花卉从广义上来说是指除有观赏价值的草本植物外，还包括草本或木本的地被植物、花灌木、开花乔木以及盆景等，种类丰富。花卉艳丽芬芳，是庭院中主要观赏对象。目前乡村庭院中使用较多的花卉品种有茶梅、栀子花、木芙蓉、木槿、紫荆、月季、金银花、紫藤、凌霄、蜀葵、葱兰、鸡冠花、凤仙花、玉簪、竹子、蕨类植物等。村民在选择花卉时一方面要注重色彩搭配，考虑不同色彩和季节性植物，保证庭院四季有景；另一方面还要考虑植物的习性，合理分配花卉布局，如向阳区适宜栽种一些喜光性的花卉植物，遮阴区可以选择做小品或者种植玉簪、竹子、蕨类植物，垂直区植物可以在墙上定格子种植藤本植物，比如凌霄、蔷薇、木香、铁线莲等。尽量选择

茶梅　栀子花　木槿

图 4-1　花卉（田庆伟 摄）

石榴　枇杷　杨梅　桃

图 4-2　果树（王宇凤 摄）

能露地越冬，花期长、观赏价值高的宿根花卉，减少花卉打理时间（图 4-1）。

（2）果树

果树是指果实可食的树木，能提供可供食用的果实、种子的多年生植物及其砧木的总称。它们既具有一定的经济价值和生产功能，也能成为庭院中最独特的风景，受到越来越多村民的喜爱。目前庭院中常见的果树有柑橘、枇杷、杨梅、柿、枣、石榴、桃、李、梅、梨、葡萄等。对于果树的选择，要综合考虑植物的生态习性、景观效果、经济性、家庭实际情况，选择适应性强的乡土树种（图 4-2）。

（3）蔬菜

随着“美丽菜园”建设工程的积极推进，许多垃圾遍地、杂草丛生的荒芜地块，都被生机盎然的农家小菜园所取代，菜园里的时令蔬菜、鲜艳的花卉，提升了庭院面貌，成为了靓化农村人居环境的一道美丽风景。村民在配置蔬菜时可以根据自己的饮食习惯，在尊重植物多样性原则的基础上，根据美学原则和蔬菜生理特性进行合理配置，庭院中蔬菜品种不宜过多，要根据家庭人数确定种植量。菜园布局形式较多，有规则方形、放射式、混合式等多种类型，村民可根据自家庭院大小尺寸选择相应的形状开

西红柿

辣椒

茄子

图 4-3　蔬菜（申亚梅 摄）

垦菜园，保持庭院的整齐感；也可用种植箱、廊架和盆栽等不同形式种植蔬菜，通过不同的组合，形成庭院中独特的风景。目前常见的蔬菜品种有青菜、茄子、油菜、丝瓜、辣椒、萝卜、四季豆、土豆、空心菜、生菜、油麦菜、菠菜、西芹、胡萝卜、大葱、大蒜、苦瓜、角瓜、冬瓜、南瓜、花菜、西兰花、蒜苔、西红柿、秋葵等（图 4-3）。

4.3.2 材质

（1）石材

石材是指从天然岩体中开采出来并经加工而成的块状、条状或板形饰材的总称。目前在园林景观以及环境艺术艺术装饰中常用的石材主要有花岗岩、大理石、板石、砂岩和碎石等。石材凭借其天然的纹理、斑斓的色彩和微妙的肌理成为设计中常用的元素之一（图 4-4）。

（2）砖材

砖材在我国有悠久的历史，是最为古老的材料之一，自古以来就有秦砖汉瓦之说。砖材价格低廉、工艺简单、设计和施工技术成熟，同时其表面质感真实而质朴，给人一种亲切感，因此被广泛使用。目前在庭院中常用的砖主要有耐火砖、陶土砖、烧结砖、水泥砖、植草砖，常用来作为墙面花格窗装饰以及地面铺装等（图 4-5）。

（3）木材与木质材料

木材作为天然、节能环保的可再生资源，具有强重比高、力学性能优良、触感温和、吸音隔声等优点。某些木材还含有挥发性油类及芳香化合物，给人以芬芳柔和的感觉。木材暖色系的颜色和光泽，带给人一种亲切感，被认为是最有人情味的材料，成为景观设计中最常用的自然材料，被广泛应用于铺装（木平台、木栈道）、景观建筑小品

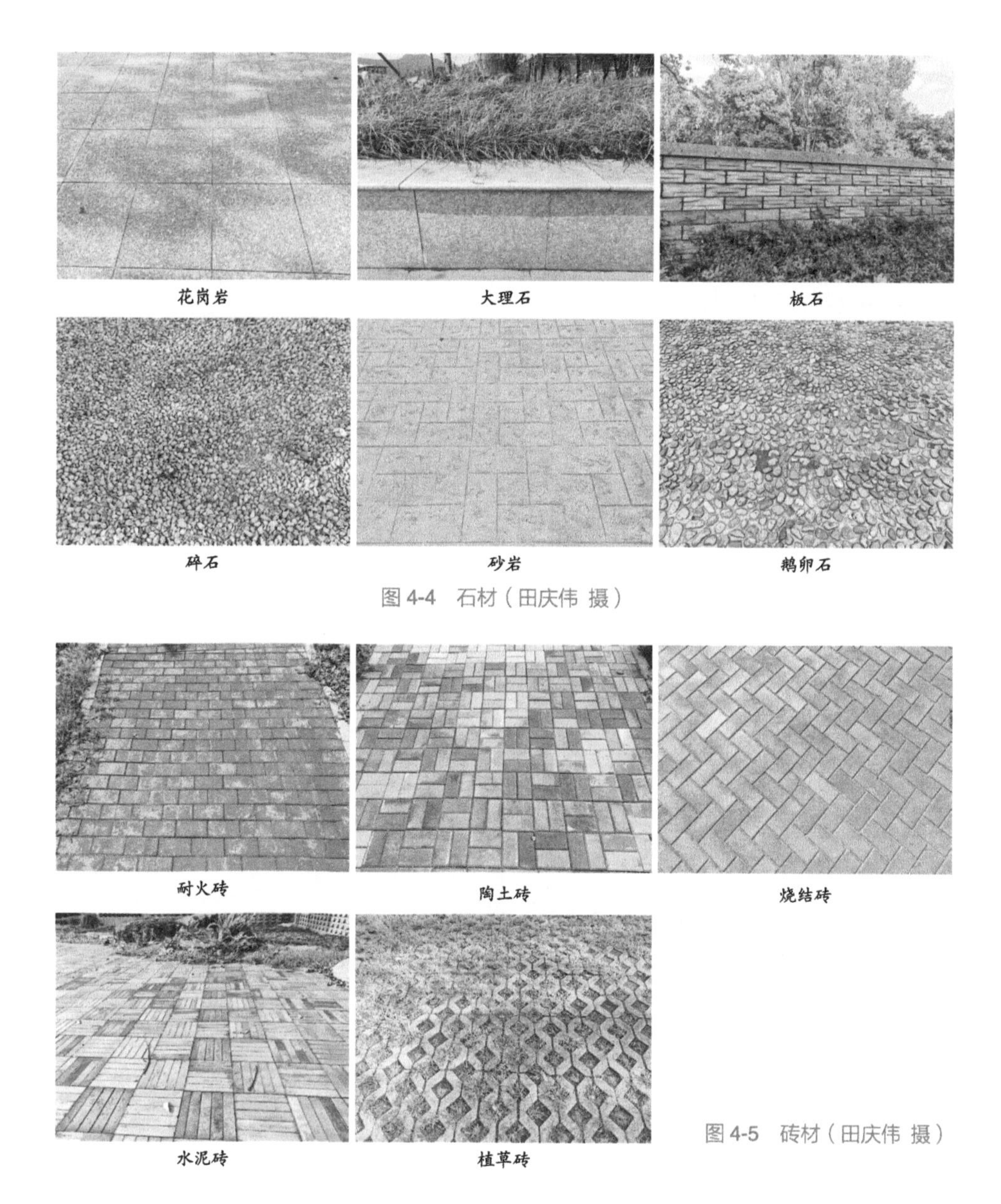

图 4-4　石材（田庆伟 摄）

图 4-5　砖材（田庆伟 摄）

（木屋木亭、花架、桥、廊）以及户外家具（木座椅、种植器皿、树池）中。木质材料品种较多，如厚木、人造板、防腐木、炭化木、生态木、塑复合材料等多种类型。每种木材的特征和用途各不相同，所以在选择木材时，要根据相应的用途有针对进行选择（图 4-6）。

（4）金属

金属材料回收利用率高，与石材相比质量更轻，可以减少承重点荷载，并具有一定的延展性，韧性强。金属材料造型丰富、特点鲜明、耐磨耐用、维护简易，且跟土、木、石、水泥等材料都能和谐搭配，被广泛应用在各种景观设计之中，目前，庭院中常用的金属材料主要有铁、铝、铜及其合金等（图 4-7）。

（5）混凝土

目前乡村庭院地面铺装往往是大面积的沥青混凝土硬化或压花地坪，这种铺装形式造价低、易施工、实用简单，但是存在景观效果不佳的问题。在乡村庭院改造中混凝土如果用得巧妙，这种材料也能和周围的自然环境融为一体，从而铺设出极具观赏性的实用型庭院。它可单独使用，也可与其他材料，如木块、砖块一起使用（图 4-8）。

图 4-6　木质材料（田庆伟 摄）

图 4-7　金属（田庆伟 摄）

图 4-8　混凝土（田庆伟 摄）

图 4-9 陶土瓦（陈倩婷 摄）

（6）瓦

瓦一般指黏土瓦。以黏土（包括页岩、煤矸石等粉料）为主要原料，经泥料处理、成型、干燥和培烧而制成。中国瓦的生产比砖早，是中国古建筑中的重要建筑构件，不仅有着实用价值，而且它凭借其独特的纹理，优美的弧线，让景观设计在这瓦片中不仅活了起来，又有一种现代装饰的美感，在庭院设计中被应用于景观小品、道路铺装中。庭院景观中常用的瓦片品种有黏土瓦、陶土瓦、沥青瓦、树脂瓦、琉璃瓦、彩钢瓦、金属瓦（图 4-9）。

（7）竹

竹类植物集文化、美学、景观价值于一身，在中国园林中发挥着其他植物所无法比拟的作用。竹在庭院景观中的应用方式比较丰富，可以以竹为主，创造竹林景观，与假山和景石搭配成小景点，也可以作为景观建筑小品（竹屋竹亭、竹架、竹桥）、户外家具（竹椅、种植器皿、树池）以及铺装材料等。竹的种类很多，大多可供庭院观赏，著名品种有：楠竹、凤尾竹、湘妃竹、孝顺竹、富贵竹、龟甲竹、紫竹、刚竹、苦竹等。村民可根据自己喜爱选择相应的品种以及应用方式（图 4-10）。

图 4-10 竹（田庆伟 摄）

4.3.3 生活旧物小品

（1）洗手池改造

可结合青砖、石槽与水缸进行趣味性洗手池设置（图 4-11）。

（2）水井处理

水井主要用于开采地下水的工程构筑物，可用于生活取水、灌溉，也可用于躲避隐藏或贮存一些东西等。古井的设计结合原有井口进行改造，采用水泥建造井身，青石贴面，采用铝合金仿木材料制作取水口架身，打造传统乡村式古井。整体高度为 1000 毫米，井口内壁直径约 850 毫米，井口占地直径约 1000 毫米。井身可增设青石及铝合金仿木材料（图 4-12）。

（3）菜地修整

菜地修整对于庭院来说至关重要，修整方式多种多样，修整材料可采用篱笆、青砖、石块、竹木栅栏、铝合金仿竹等进行围边（图 4-13）。

（4）门楼处理

利用门柱改善及院门布置，要让整体门楼的样式符合周边环境及庭院风格。可通过木材、板材、金属板、石材等进行处理。可在大门门柱采用砖石贴面，体现整体性（图 4-14）。

图 4-11 洗手池改造（吴倩倩 摄）

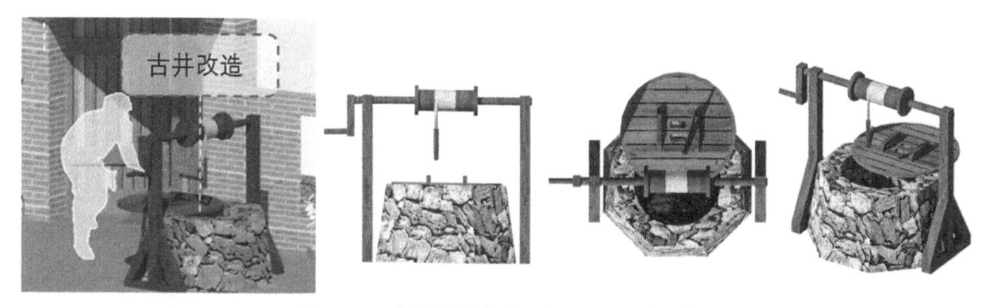

图 4-12　古井改造图（严少君团队 绘制）

图 4-13　菜地修整（严少君团队 绘制）

图 4-14　门楼处理（严少君团队 绘制）

（5）酒坛

酒坛作为乡村中最常见的酒器之一，其乡土氛围较浓厚，故在庭院中，常常使用酒坛等器物造景（图 4-15）。

（6）石器

石磨、石臼在农村也很常见，是用于把米、麦、豆等粮食加工成粉、浆的一种机械。可以运用石磨的造型元素与特点，在其顶端种植一些植物，与石槽搭配成组团小品，也可与流水搭配，放在鱼池里作为点缀之物，也可以形成庭院桌面等（图 4-16、图 4-17）。

图 4-15　酒坛造景（申亚梅 摄）

图 4-16　石磨元素（申亚梅 摄）

图 4-17　石臼元素（申亚梅 摄）

图 4-18　柴火堆造景（申亚梅 摄）

图 4-19　废旧物品造景（申亚梅 摄）

图 4-20　废旧轮胎雕像小品（申亚梅 摄）

（7）柴火堆

将收割后的作物秆靠墙放置。在庭院造景中可以彩绘酒缸，并种植蕨类植物（图 4-18）。

（8）废旧生活用品

日常生活使用的废旧家具和废旧衣物等，比如说抽屉、木门、椅子、厨房用具、帽子等，可将其改造成花架、花盆以及墙饰用品，种植一些植物，做成有趣的景观小品，为庭院注入新的活力（图 4-19）。

（9）废旧轮胎

乡村中非机动车使用频率较高，会出现一些破损的车胎，可以将其作为废弃改造的材料。通常可以把轮胎画上彩色图案挂在墙上，形成五彩斑斓的轮胎景观墙。也可以将轮胎改造成花盆、椅子、雕塑等，形成独特的风景（图 4-20）。

4.4 乡村庭院专项设计

4.4.1 庭院水景专项设计

水景是庭院设计中重要的景观构成要素之一，在中国传统庭院中水景有着悠久的历史，并蕴含着丰富的艺术内涵，直到现代社会，依然有着“无水景不庭院”的说法。

（1）水的自然特性

水是景观中的视觉焦点，庭院中因为有了水而打破了原本封闭呆板的环境，变得富有生机和活力。水所具有的多种天然的特性，可以达到不同的视觉效果，并且在感官上可以突破视觉单一，形成看、听、触、嗅一体的四感设计，为庭院设计产生精神共鸣和美学效果提供实现途径。

（2）水的庭院景观

通过美观的形式设计及相关水利和结构方面的知识，以及对场地的视觉质量、人的功能利用和区域水资源情况的了解，根据庭院空间的不同因地制宜地制定水景形式。庭院场地中若有自然水体要进行保留并利用，将自然水景和人造水景融合，提高美观度。常用的庭院水景形式包括：水池、瀑布跌水、溪流、喷泉、容器水景等装饰水景。

（3）水池水景

庭院水景中的水池形态种类众多，水池的深浅不一，所用的材料不同，结构也不同，这里列举三种庭院常见水池类型：

①浅水池

一般深在 1 米以内者，称为浅水池，也包括儿童嬉池和小型游泳池、造景池、水生植物种植池、鱼池等。浅池是庭院水景中应用最多的设施，如庭院喷泉、涌泉、瀑布、壁泉、滴泉和一般的庭院造景水池等。按照池水的深浅，庭院浅水池又可设计为浅盆式和深盆式。水深小于 600 毫米的为浅盆式水池，水深大于或等于 600 毫米的为深盆式水池。一般的庭院造景水池、小型喷泉池、碧泉池、滴泉池等，宜采用浅盆式，而庭院瀑布水池则常采用深盆式。

②生态水池

生态水池是适用于习水动植物生长，可以起到供人欣赏、美化环境、调节小气候作用的水景。在庭院里生态水池多以饲养观赏鱼和水生水下植物、水面植物为主，营造动植物互生互养的生态环境。水池的深度应该根据饲养鱼不同的种类、数量和水生植物在水下能够生存的深度从而确定，一般在 0.3~1.5 米即可，为了防止陆地上动物的侵扰，池畔平面与水平面要保持有 0.15 米的高差。水池壁与池底以较深色为最佳且需保持底部平整以免伤鱼。池底、池畔应设置有隔水层，池底隔水层上覆盖 0.3~0.5 米的厚土，种植水草与习水性植物，提高观赏性。

③泳池

泳池水景一般情况以静为主，许多庭园游泳池都具有双重功能。不作为游泳池功能使用时，可以作为装饰池在庭园整体规划中呈现一种令人愉快的形状。因此，规则式庭园中游泳池以几何形为最佳，而不规则式庭园中则以自然形为好。庭院泳池的深度一般设置在 1.2~1.6 米为主来保证其通用性，也可根据需要设置 0.6~0.9 米的儿童泳池，池边以优美的圆角曲线处理，加强水的流动感，池岸设置防滑地砖或使用鹅卵石铺设，带来一种亲临沙滩的感觉。泳池周围适当种植遮挡视线的灌木和遮阳的乔木或用专门的围栏分隔，来提供休息放松和交流的私密区域。

水池样式参考如下：

①规则式

由规则的直线岸边和有轨迹可循的曲线岸边围成的几何图形水体。如圆形、方形、长方形、多边形或曲线、曲直线结合的几何形组合。多运用于规则式庭园中。水池设置位置应位于视线或轴线的焦点或端点、庭院的中心（图 4-21）。

②自然式

自然式水池平面变化很多，形状各异，模仿大自然中的天然野趣，水面形状宜大致与所在地块的形状保持一致，仅在具体的岸线处理给予曲折变化；设计成的水面要尽量减少对称、整齐的因素（图 4-22）。

③混合式

介于规则式和自然式两者之间，结合了规则式水池及自然式水池两者的优点，既有规则整齐的部分，又有自然变化的部分（图 4-23）。

（4）瀑布跌水

乡村庭院内的瀑布跌水主要利用地形高差和砌石的堆砌而形成，其主要目的在于

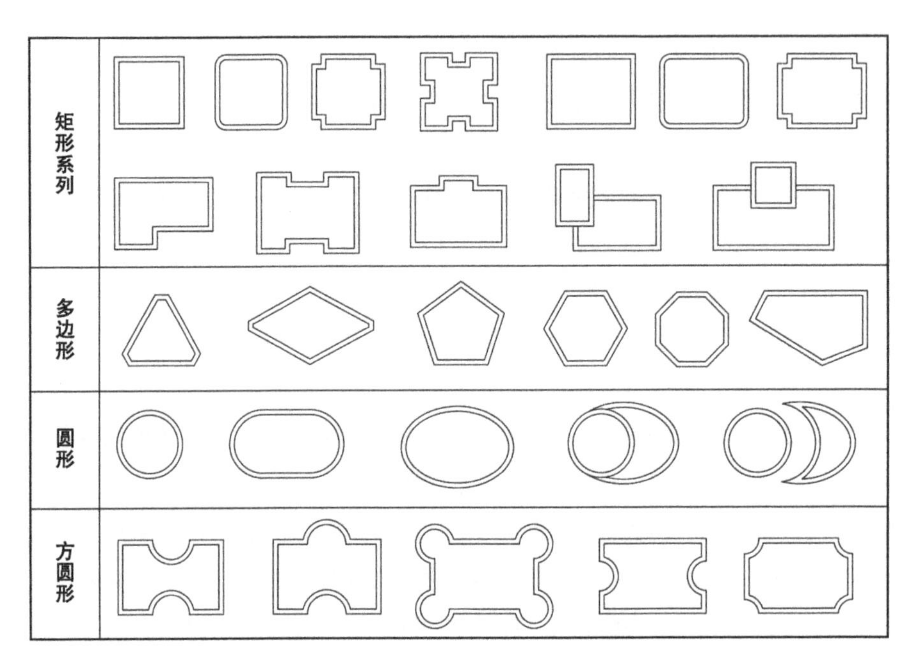

图 4-21 规则式水系（严少君团队 绘制）

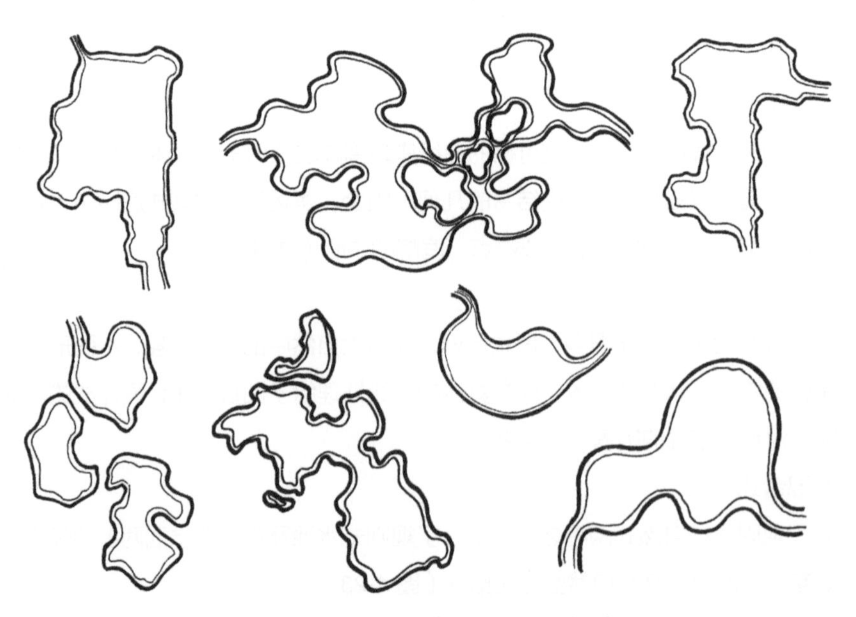

图 4-22 自然式水系（严少君团队 绘制）

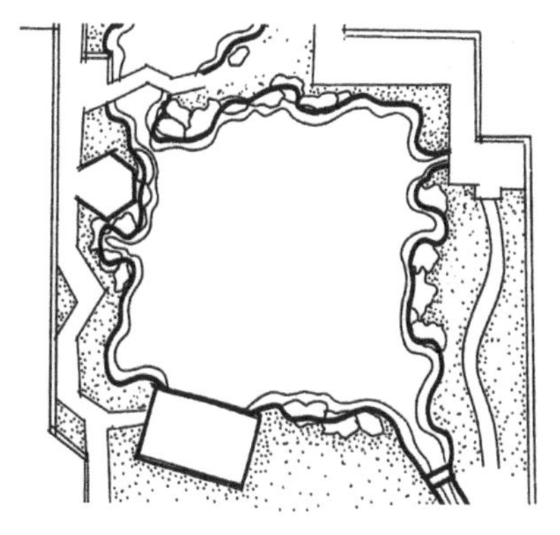
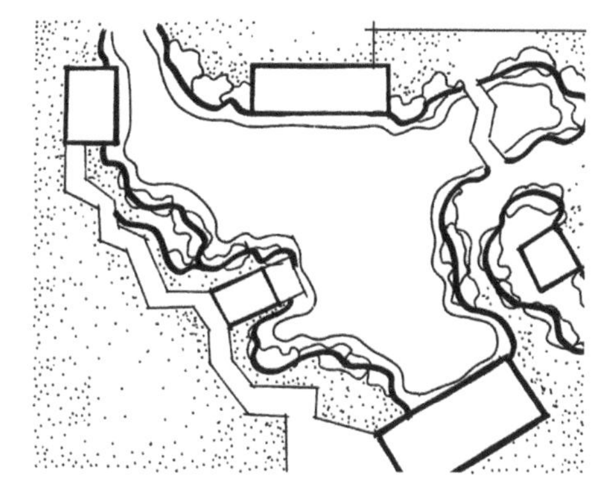

图 4-23　混合式水系（严少君团队 绘制）

充分借助水的动态效果将庭院营造出充满活力、轻松的氛围。瀑布水的落水形式通常有十种，如向落、片落、传落、离落、棱落、丝落、左右落、横落等。瀑布的美是原始的、自然的，更是富有野趣的，适合于自然山水林园，跌水就更具形式之美和工艺之美。落水形式的不同决定了不同的外观、空间的动静与情感的共鸣等，是十分重要的水景元素之一。在落水形式的基础上进一步营造瀑布跌水的跌落形式，设计具有跌落式、重叠式、直瀑式等具有不同特点的瀑布跌水。可采用天然石材或仿石设置瀑布的背景及引水装置以模仿自然景观，达到亲和自然的目的，也可采用平整或具有一定特殊纹理的花岗石，甚至其他材料，如混凝土等，来打造具有现代设计元素的瀑布跌水。瀑布由聚集的水源、落水口、瀑身、承水潭组成，水流量的不同，会直接产生不同的效果，所以，水流量和高度差的选择是设计的重点，居住庭院内的瀑布跌水其落差应在 1 米以下。落水口也称瀑布口，其形状和光滑程度直接影响到瀑布水态，在瀑布口做卷边处理，水流顺着很陡的倾斜坡面向下滑落，使用的材料质地决定着水景形象，且不宜采用平整饰面的白色花岗石作为落水墙体。

瀑布的落水形式参考如图 4-24。

瀑布跌水的跌落形式参考如图 4-25。

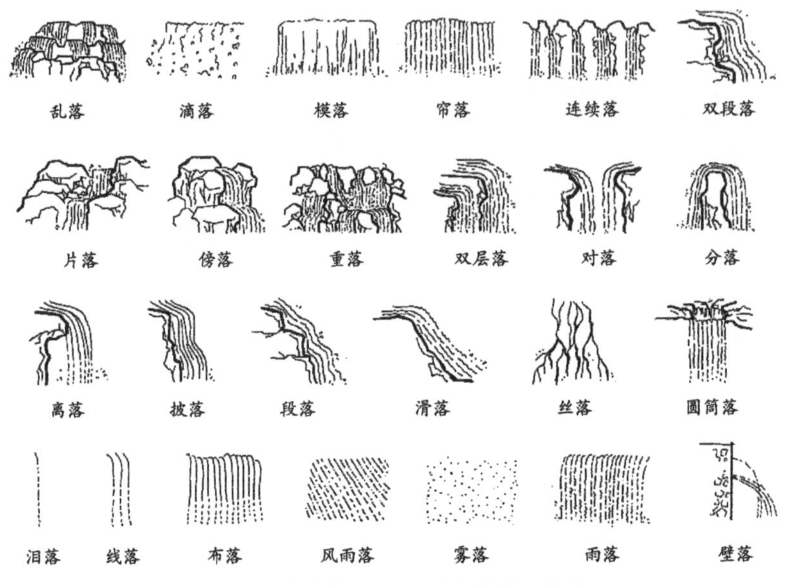

图 4-24　瀑布的落水形式（严少君团队 绘制）

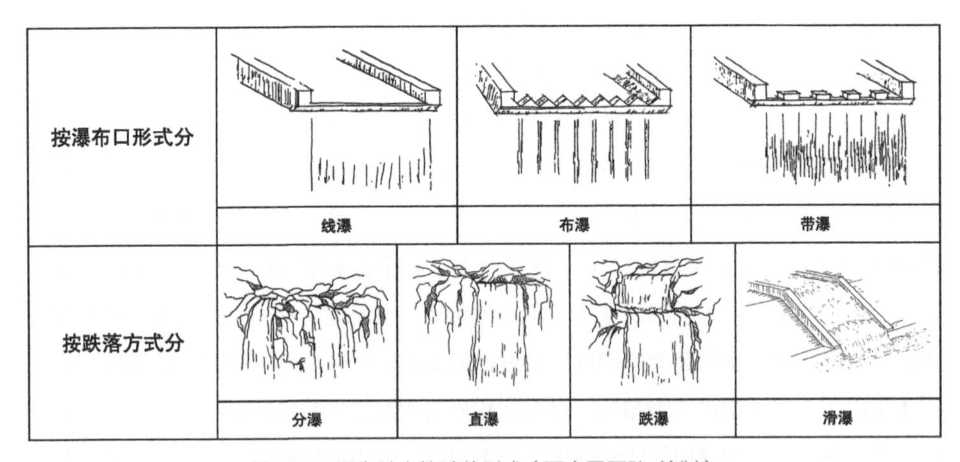

图 4-25　瀑布跌水的跌落形式（严少君团队 绘制）

（5）溪流水景

溪流小径弯折多次，溪水忽暗忽明，因高低或碰撞而发出流水的声音，叮咚作响，仿佛身临自然，身心得到极大放松，可达到回归自然舒缓压力的“忘我”境界，不得不说溪流水景是摄取了丛林山水中溪涧美景的靓丽而诞生。他们以多种多样的形式再现于各式城市景观中，尤其在生活空间，大量溪流水景的频频出现正是人们渴望回归自然、放松自我的真实写照。为了使庭院内的空间在视觉上更为开阔，溪流水景可适当增大宽度或使溪流多次曲折。溪流可分为可涉入式和不可涉入式两种，且应围绕在假山石的周围，层叠错落，逐级跌宕，动静相宜，进行溪流形态的合理设计。可涉入式的溪流通常具有很强的互动性，具有一定戏水功能，其水深应小于 0.3 米，水底做防滑处理，拥有水循环装置和过滤装置，以保证美观性的同时兼顾健康性和安全性。不可涉入式的溪流应该在溪流边采取防护措施，种植合适的习水性水生植物，增加观赏性和趣味性。溪流水岸宜采用散石和块石，且应配置水生或湿地植物，以结合自然的方式过渡动态的溪流与庭院其他空间的冲击，提高缓冲空间的作用。溪流的坡度要根据当地情况及排水量而定，普通溪流的坡度以 0.5% 左右为宜，急流处以 3% 为宜，缓流处坡度不超过 1%。溪流宽度为 1~2 米，水深 0.3~1 米即可，超过 0.4 米的应在溪流水岸设置石栏、木栏、围挡等防护措施。

（6）装饰水景（图 4-26）

①喷泉水景

喷泉是庭院中重要的组成，不附带其他作用，只起到欣赏、烘托环境的作用，往往坐落在庭院的中心。由各种花形图案组成固定的装饰性喷泉或是与雕塑结合的雕塑喷泉景观，既是一种水景艺术，体现了动、静结合，形成明朗活泼的气氛，给人以美的享受。装饰喷泉通过人工对水流的控制，比如错落、撞击、长短、高差等形成水雕塑，借助音乐及灯光多种多样的变化产生不同的效果，进一步展示水体的活力和动态美，

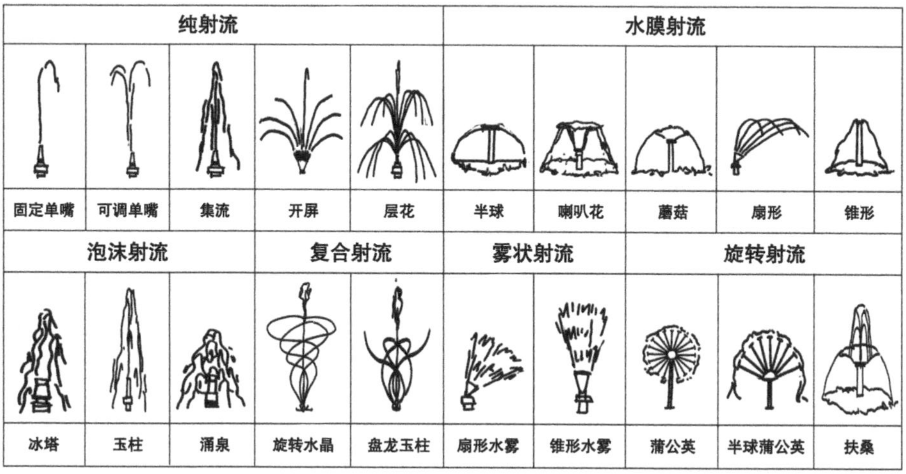

纯射流					水膜射流				
固定单嘴	可调单嘴	集流	开屏	层花	半球	喇叭花	蘑菇	扇形	锥形
泡沫射流			复合射流		雾状射流		旋转射流		
冰塔	玉柱	涌泉	旋转水晶	盘龙玉柱	扇形水雾	锥形水雾	蒲公英	半球蒲公英	扶桑

图 4-26　喷泉喷头水形式（严少君团队 绘制）

形成不同的艺术效果，满足人的要求。庭院装饰喷泉在形式上紧紧结合景观设计的发展步伐，叠泉、跳泉、小品泉、意动泉、喷雾形成独特的水景等在庭院的水景设计中发展利用起来，形成装饰性极强的具有精致效果的点睛之笔。此外喷泉还可增加空气中的负离子含量，起到净化空气、增加空气湿度、降低环境温度，达到舒适身心的作用。

喷泉喷头水形式参考如下：

②容器水景

容器水景是利用各种容器如盆、槽、钵、盘等配置以各种水生植物构成的景观，通常使用在庭院小微的空间中，点缀空间形成情感集中点。容器水景可构成动态水景和静态水景两种，营造出或水体澄清禅意深远，或曲径通幽柳暗花明的开阔意境，达到小中见大的效果。大部分湿生、水生的草本植物都可以应用在容器水景中，如睡莲、黄罂粟、荷花、菖蒲、落新妇、水薄荷、珍珠菜、水芹等，可单独种植或搭配种植来保证美观装饰的效果。配置多种植物时应充分考虑各种植物的生态习性，保证其水体供氧，栽种时可采用先种植在小容器中，再放入大容器中的方法，随意移动植物以形成比较灵活且生存稳定性较高的水景造型元素[10]。

4.4.2 假山设计

通常所谓的假山实际包括两方面：假山和置石。

（1）假山

假山具有多方面的造景功能，如构成园林的主景或地形骨架，划分和组织园林空间，布置庭院、驳岸、护坡、挡土，设置自然式花台。还可以与园林建筑、园路、场地和园林植物组合成富于变化的景致，借以减少人工气氛，增添自然生趣，使园林建筑融汇到山水环境中。因此，假山成为中国自然山水园的表现特征之一（图 4-27）。

在设计假山时，一定要明确主次关系，即假山本身就是用来装饰庭院的，所以要根据整个的需要来设置假山，要考虑建筑和庭院的设计风格；其次应对假山的大小有一个具体的估计，主要取决于庭院体量；假山可以考虑直接成品定制，如若有园林设计兴趣的读者可以尝试自己设计假山的形态，设计要保证有一定的高低差，可选用落差较大的设计，以刺激视觉冲击力，山峰也可以相互映衬，在大小上有一定程度的差别，不同大小假山的主峰位置也要有所不同，虚实关系也要有所依托，整体尺寸要与

图 4-27　假山（申亚梅 摄）

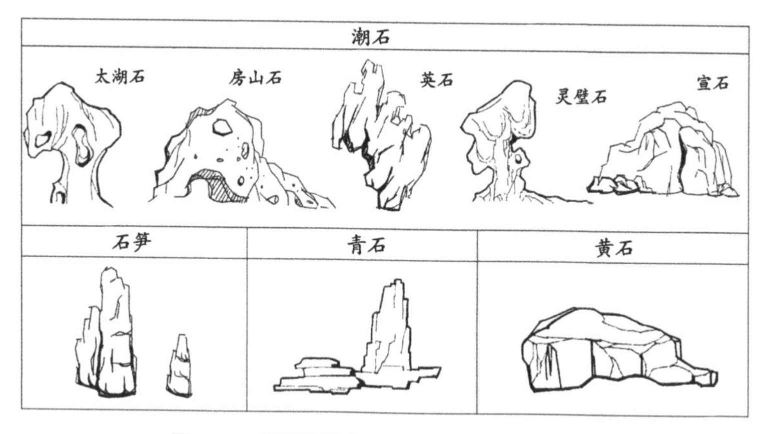

图 4-28　常用的假山石材（严少君团队 绘制）

空间相对，一定要注意在假山上留种植洞，以便以后种植绿植。按假山石料的产地、质地来看，假山的石料可以分为湖石、黄石、黄蜡石、青石、石笋，以及其他石品六大类，每一类又因产地地质条件差异而又可细分为多种（图 4-28）。

①太湖石

因原产太湖一带而得此名。这是在江南园林中运用最为普遍，也是历史上开发较早的一类山石。这种山石是一种石灰岩，质坚而脆，由于风浪或地下水的熔融作用，其纹理纵横，脉络显隐。湖石这一类山石中又可分为太湖石（又称南太湖石）、房山石（又称北太湖石）、英德石（英德石又可分为白英、灰英和黑英、灵璧石、宣石）。

②黄石

黄石是一种带橙黄色的细砂岩，产地很多，以常熟虞山的自然景观最为著名。其石形体顽劣，见棱见角，节理面近乎垂直，雄浑沉实。

③黄蜡石

黄蜡石色黄，表面油润如蜡，有的浑圆如卵石，有的石纹古拙、形态奇异，多块料而少有长条形。由于其色优美明亮，常以此石作孤景，或散置于草坪、池边和树荫之下。广东、广西等地广泛运用。

④青石

青石即一种青灰色的细砂岩。北京西郊红口山一带均有出产。青石的节理面不像黄石那样规整，不一定是相互垂直的纹理，也有交叉互织的斜纹。就形体而言多呈片状，故又有“青云片”之称。

⑤石笋

石笋是外形修长如竹笋的一类山石的总称。这类山石产地颇广。石皆卧于土山中，采出后直立地上。园林中常作为独立小景布置，如扬州个园的春山、北京紫竹院公园的江南竹韵等。常见石笋又可分为：白果笋、慧剑、钟乳石笋（图 4-29）。

图 4-29　石笋（陈程 摄）

⑥其他石品

诸如木化石、松皮石、石珊瑚、石蛋等。

（2）置石

置石是以具有一定观赏价值的自然山石为材料，制作独立性或附属性的造景布置。主要表现山石的个体美或局部的组合而不具备完整的山形。置石一般体量较小而分散，园林中容易实现，它对单块山石的要求较高，通常以配景出现，或作局部的主景，是特殊的独立景观。

置石对石材的形状、肌理、色彩等要求较高，讲求以少胜多、以简胜繁，量小质高。艺术手法有特置、对置、群置、散置。

①特置（图 4-30）

特置是指将体量大、形态奇特，具有较高观赏价值的峰石单独布置成景的一种置石方式，又称为孤置山石、孤赏山石。

特置山石大多由单块山石布置成为独立性的石景，布置的要点在于相石立意，山石体量与环境相协调。

特置在我国园林史上是运用得比较早的一种置石形式。例如现存杭州的绉云峰，上海豫园的玉玲珑，苏州的瑞云峰、冠云峰，北京颐和园的青芝，广州海珠花园的大鹏展翅，海幢公园的猛虎回头等都是置石中的名品。

②对置（图 4-31）

对置是以两块山石为组合，相互呼应，沿建筑中轴线两侧或立于道路入口两侧作对称的山石布置。

③群置（图 4-32）

群置又称“大散点”，是指运用数块山石相互搭配点置，组成一个群体的置石方法。

群置的关键手法在于一个“活”字，布置时应有主宾之分，搭配自然和谐，同时根据“三不等”原则（即石之大小不等，石之高低不等，石之间距不等）进行配置。

④散置（图 4-33）

散置是仿照岩石自然分布和形状用少数几块大小不等的山石，按照艺术美的规则和法则搭配组合而进行点置的一种方法。

散置山石的经营布置也借鉴画论，讲究置陈、布势，即所谓“攒三聚五、散漫理之、有聚有散、若断若续、一脉即毕、余脉又起”的做法。它的布置要点在于有聚有散、有断有续、主次分明、高低曲折、顾盼呼应、疏密有致、层次丰富。

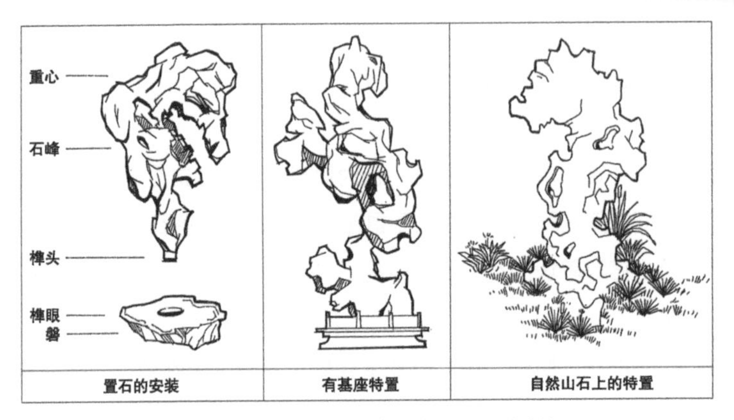

图 4-30　特置示意图（严少君团队 绘制）

图 4-31　对置示意图（严少君团队 绘制）

图 4-32　群置示意图（严少君团队 绘制）

合理的布置　合理的布置

错误的布置　错误的布置

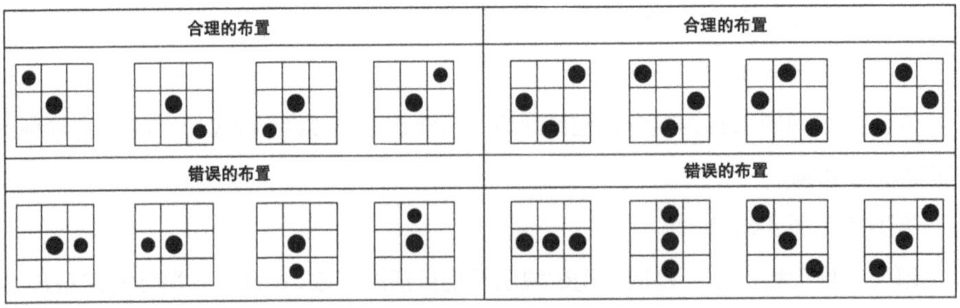

图 4-33　散置示意图（严少君团队 绘制）

4.4.3 构筑物设计

（1）亭

亭是一种中国传统建筑，源于周代。亭一般为开敞性结构，没有围墙，顶部可分为六角、八角、圆形等多种形状。因为造型轻巧，选材不拘，布设灵活而被广泛应用在园林建筑之中。所设计的亭子，是传统或是现代、是中式或是西洋、是自然野趣或是奢华富贵、这些款式根据庭院环境和理解的不同，选择也不一样。例如同样是植物园内的中国古典园亭，牡丹园和槭树园不同。牡丹亭必须重檐起翘，大红柱子；槭树亭白墙灰瓦足矣。这是因他们所在的环境气质不同而异。其次，所有的形式、功能、建材是在演变进步之中的，例如，在中国古典园亭的梁架上，以卡普隆阳光板作顶代替传统的瓦，就是一种典型的代表（图 4-34）。

（2）台

台，是最古老的园林建筑形式之一，属于高出地面而建的平面建筑物，是一种露天的、表面比较平整的、开放性的建筑。

（3）廊架

廊架，即以廊和花架为基础在通道上方繁衍出来的一种有顶盖的长形古典园林建筑小品形式。廊架不仅作为个体建筑联系的手段，而且还常是各个建筑之间的联系通道，它的体形比廊小比花架大。它既有遮阳避雨、休息、交通和联系的功能，还起着组织景观、分割空间、增加风景层次的作用。廊架既拥有廊的柱列形式，同时也包含花架的梁架式结构。廊架主要以木材、石材、竹材、钢筋、混凝土、金属为原材料，与自然显得融为一体。

廊架是供游人休息、景观点缀之用的建筑小品，与自然生态环境搭配非常和谐。主要有花廊架、遮雨棚、工具架、瓜果架等。

①花架

用刚性材料构成一定形状的格架供攀缘植物攀附的园林设施，又称棚架、绿廊。供人歇足休息、欣赏风景的同时可以为攀缘植物创造生长条件，既能独立完成组织空间的功能，又能与其他造园要素一起构成一个复合的乡村庭院空间。无论是独立成景的花架形式，还是依附于建筑物的配景形式花架，景观效果均良好。此外，棚架的骨骼为村民提供了通透的憩息空间，藤蔓植物的攀缘与覆盖使其顶部具有了遮阳的功能。在庭院中设置防腐木花架，具有遮阴的效果，同时美化庭院（图 4-35），或者设置铁艺花架结合藤本开花植物美化过道（图 4-36）。

②遮雨棚

遮雨棚是设在建筑物出入口或顶部阳台上方用来挡雨、挡风、防高空落物砸伤的一种建筑装配，具有舒适、大观、美丽、方便等特点。

③农具架

为了方便村民收纳农业生产使用的工具而专门制造的收纳架（图 4-37）。

木制亭

竹制亭

图 4-34 亭（陈倩婷 摄）

图 4-35 防腐木花架（王玮玮 摄）

图 4-36 铁艺花架（王玮玮 摄）

图 4-37 遮雨棚结合农具架（严少君团队 绘制）

图 4-38　瓜果架应用（陈倩婷 摄）

④瓜果架

为了使村民高效使用庭院场地，将攀缘植物等瓜果类产品使用工具架进行规整，从而丰富乡村庭院景观。利用原有铝合金瓜果架，喷仿木纹漆，打造乡土气息浓郁的瓜果架（图 4-38）。

4.4.4 小品设计

（1）景墙

中国古代园林建筑中常见的小品，其形式不拘一格，功能因需而设，材料丰富多样。它的作用除了传统的障景、漏景等，现在很多乡村把景墙作为丰富乡村文化建设、改善村庄容貌的重要方式（图 4-39）。

（2）围墙 / 围栏

围墙是庭院空间围合与分隔的重要手段，不仅是庭院的界线，也起防护作用。庭院的围栏 / 分类方式较多，本书将按通透性和使用材质两种分类方式进行介绍。

①按照通透性来分，围墙可分为封闭式、半通透式、通透式三种类型。

• 封闭式围墙形成了封闭的庭院空间。若保留实墙原有形态，一般采取墙体美化进行处理，对实墙进行乡村文化主题的彩绘，墙绘内容丰富，经济成本低，运用木栅、石条等材质的装饰方式也十分常见（图 4-40）。

• 半通透式围墙形成较通透的景观空间，围墙形式多样，选用材料灵活，可充分展现乡土特色。常用形式有传统园林式漏窗、墙体与其他材料结合改造等（图 4-41）。

• 通透的围墙形成通透的景观空间，现在较多采用这种形式的围墙（图 4-42）。

图 4-39　景墙（严少君团队 摄）

图 4-40　封闭式的围墙（严少君团队 绘制）

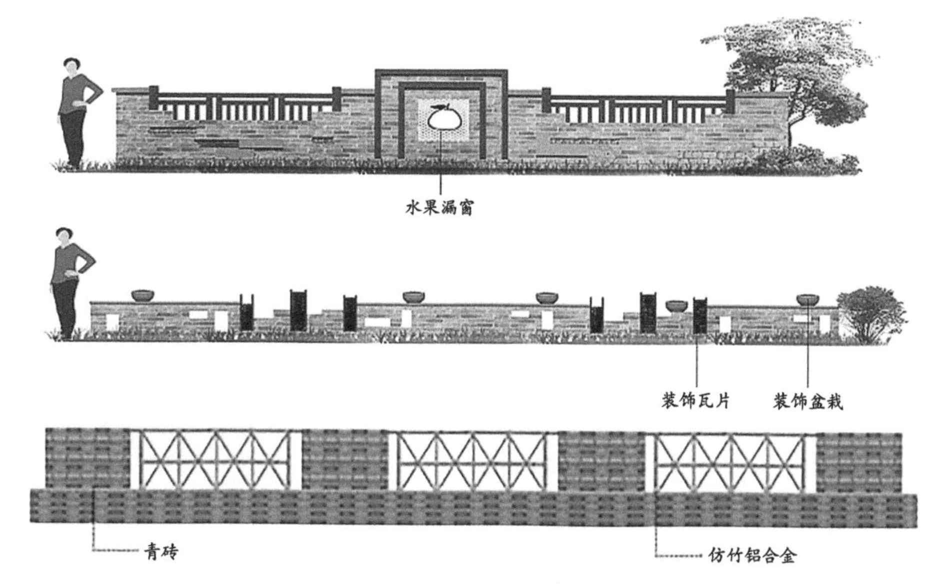

图 4-41　半通透的围墙（严少君团队 绘制）

图 4-42　通透式围墙（严少君团队 摄）

②按照使用材质来分，可分为砖墙、石墙、混凝土墙、金属墙、木墙等。

• 砖墙风格各异，应根据庭院风格来定（图 4-43）。

• 石墙采用天然石材堆砌。由于石材多种多样，砌合方式也灵活，可粗犷可秀丽，带来多变的视觉效果（图 4-44）。

• 混凝土墙常常代替真实石材来表现天然石材效果，但是近年来不加修饰的混凝土常用于现代建筑、景观设计中，以表现朴素自然的美感；复合型材料墙面是指运用多种材料通过人工加工而成，可形成多样化的颜色，甚至可以添加某种纤维，形成具

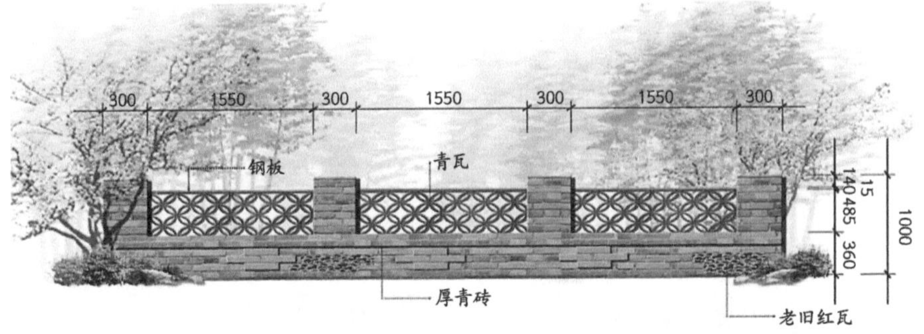

图 4-43　砖墙（严少君团队 绘制）

图 4-44　石墙（吴倩倩 摄）

有透光的一种材料，结合庭院照明，丰富景观（图 4-45）。

• 金属墙造型能力更灵活，可实可透。型钢类金属墙表面光洁、韧度强，但需要重复上漆；铁类金属墙廉价，韧度较差，易生锈，光滑度低（图 4-46）。

图 4-45　透光仿制混凝土墙（申亚梅 摄）

图 4-46　金属墙（王玮玮 摄）

• 木墙是自然亲和力更高的材料，需要与砖石、金属等材料搭配使用，经过防腐处理，可以较长时间使用（图 4-47）。

• 由灌木或小乔木以近距离的株行距密植，采用紧密结合的规则的种植形式，栽成单行或双行，称为绿篱，也叫植篱、生篱等（图 4-48）。绿篱主要起到空间围合与

图 4-47　木墙（严少君团队 摄）

图 4-48　绿篱（严少君团队 摄）

隔离的作用。

• 竹篱笆、木栅栏、木平台等在庭院中要慎重使用，木质材料可选择防腐木，但要充分考虑养护管理成本，避免成为“景观垃圾”（图 4-49）。

• 石笼墙整体感好、有秩序，是现代景观的创新应用。与其他景观材料结合可呈现出很好的景观效果，铁笼内石材也可换成木材、卵石等材料。建设中需注意以下问题：堆砌过于随意，钢筋笼偏软无法造型；卵石有破口问题，影响美观；砌筑收头不平整问题；没有大小搭配耦合问题；水泥露浆问题（图 4-50）。

图 4-49　竹木栅栏（严少君团队 摄）

图 4-50　石笼墙（田庆伟 摄）

4.4.5 设施安装

乡村庭院中的设施通常可以概括为休憩类、清洁类等，诸如户外座椅、垃圾箱、洗手池等。

（1）户外座椅

庭院中设置桌凳用于饮茶、休憩，在各类乡村中都较为常见，经济实用，使用率较高。值得一提的是，庭院中桌凳的风格和材料相差很大。有石材桌凳，风格自然古朴；有休闲桌椅，极具现代风格（图 4-51）。

（2）垃圾桶

垃圾桶除了是保护环境，保持卫生的工具，还是不可缺少的景观设施。可以采用各种材料，设计各式各样符合乡村形象的垃圾桶外观样式，例如动物形象、房屋形象、水缸形象、树桩形象等。这些造型在表达乡村文化的同时，还增添了不少趣味性（图 4-52）。

4.4.6 庭院铺装设计

在庭院建造过程中，地面铺装是必不可少的元素之一。美观的庭院铺装更是一道美丽的风景，在满足日常使用的同时为庭院增色。

乡村庭院铺装组合方式的构成主要分为四类：板块拼铺、整体拼铺、碎料拼铺、砌块拼铺。板块拼铺利用水泥混凝土材料，以板块的形式来表现铺装效果，一般最短的边长大于 1 米；整体拼铺用沥青或色彩鲜艳的沥青路面表层拼铺，有无色结合料、沥青结合料等；碎料拼铺多用卵石、碎石、石块等，物料大多不规整；砌块拼铺大多使用最小边为 10~40 厘米的块状材料进行铺砌，虽材料种类形状多样，但以长方形居多。

我国乡村乡土资源丰富，乡村庭院铺装可选的材料很多，营造的风格也更加多元。铺装选材应结合乡土特

图 4-51　户外座椅（吴倩倩 摄）

图 4-52　木制垃圾桶（严少君团队 摄）

色，因地制宜，就地取材。常用材料分为三大类：硬质、软质及其他等。

（1）硬质铺装材料

①石材

硬质铺装材料主要包括天然石材（砂岩、花岗岩、卵石、砾石）、板材（青石板、黄石板、黑石板）、木材、瓦片、砖材等。乡村庭院铺装中，石材可就地取料，既能体现乡土文化，又能降低工程造价（图 4-53）。

在乡村庭院中，鹅卵石作为装饰材料经常出现，尤其铺成一条漂亮的花园小路，精心地排列之后，它们仿佛就是艺术品般精致有趣。

砾石是松动的，踩在脚下很舒服，排水性也比其他地面强。砾石铺地可以防止土壤流失，让水顺势渗透到地下。砾石虽然脚感好，但是在铺设时要注意选用没有尖锐角的小石头，避免扎伤。

石板材料用于任何风格的庭院，非常耐用且容易使用，可以重复使用，有不同形

图 4-53　天然石材（黄敏强团队 摄）

状，可以混合匹配，应用灵活（图 4-54）。

由于户外环境的特殊性，木材的呈现形式一般都是户外地板，品种也很多，如塑木户外地板、防腐木户外地板、碳化木户外地板、共挤型户外木塑地板、HIPS 地板等（图 4-55）。

②瓦片

瓦片已经不再是屋顶的专有材料，在乡村庭院的铺装上，应用瓦片独特的乡土气质，装点庭院的地面（图 4-56）。

③砖材

庭院常用砖材包括透水砖、烧结砖（青砖、红砖）、高压砖、植草砖等多种材料。砖材可铺设成各样的图案，不仅经久耐用而且美观大方。它可用来铺设车道、花园、园径和台阶。砖材可与其他铺装结合使用，形成独特的视觉效果（图 4-57）。

图 4-54　石板材料（严少君团队 摄）

图 4-55　户外地板（严少君团队 摄）

图 4-56　瓦片（严少君团队 摄）

图 4-57　砖材（严少君团队 摄）

（2）软质铺装材料

①草坪

草坪粗糙的质感和铺装光滑的质感相互映衬、相得益彰。还原“苔痕上阶绿，草色入帘青”的乡村庭院景象。软质铺装包括嵌草、草坪。

某些铺装本身还具备特殊的纹理，将其融入草坪拼花之间，还能有效提升景观品质，但是需要注意铺装和草坪之间的衔接关系，保证质感的分割性和风格的一致性（图 4-58）。

天然草坪更代表了一份自然的清新，本身就是具有观赏价值的景观植物。草坪具有简洁美观、整体性强、施工成本低的优点。但是其交通使用功能不如硬质铺装，空间分割性较差，且后期养护成本较高。目前乡村庭院中较少使用（图 4-59）。

②其他

目前乡村庭院地面铺装往往是大面积的沥青混凝土硬化或压花地坪，这种铺装形式造价低、易施工、实用简单，但是存在景观效果不佳的问题。在乡村庭院改造中混

图 4-58　嵌草（严少君团队 摄）

图 4-59　草坪（严少君团队 摄）

凝土如果用得巧妙，这种材料也能和周围的自然环境融为一体，从而铺设出极具观赏性的实用型庭院。它可单独使用，也可与其他材料，如木块、砖块一起使用（图 4-60）。

图 4-60　混凝土沥青（严少君团队 摄）

4.4.7 植物景观设计

设计原则如下：

（1）优先选择乡土植物

植物设计时尽量选择乡土植物，更容易生存和适应当地生态条件，且经济实用、生命力强，同时有助于维持生态平衡。在景观特征上乡土植物更具当地乡土特色，更易于塑造具有当地特色的景观风貌。

（2）与生产功能相结合

植物设计时同时应注重实用价值，选择瓜果蔬菜等品种的搭配既可以获得更丰富的植物景观效益，还可以赋予生产实用的功能。时令果蔬的种植可满足家庭自食还能在采摘过程中增添乡村生活趣味，感受绿色生活。

（3）构建植物层次

选取高中矮不同种类植物进行搭配，选择乔灌草多层次高低错落的景观风貌，选择攀缘藤本植物，如凌霄、蔷薇、木香、铁线莲等。如果想快速长为绿墙，可种植爬山虎和地锦。

（4）注重四时景观

植物配置时可以考虑果树不同的四季景观效果。一般果树春天开花，秋季结果。春季开花的果树花色鲜艳，形成花景，可与庭院常绿植物搭配形成对比景观；秋季结果时，果实的颜色会随时间变化成熟度逐渐加深而呈现不同的色彩效果，形成不同景致，可以在低矮层搭配种植季节性生长且具有观赏性的蔬菜等经济作物，构成丰收氛围的景观效果。不同种类形态的树种按高低顺序分布，突出层次。

庭院植物的配置方式上多用群植、片植、孤植等手法营造一种人工植物群落，在树种选择上，坚持适地适树，坚持常绿与落叶相结合、乔灌草搭配种植的原则。

4.4.8 庭院照明

（1）庭院灯的作用

庭院灯光设计是调节气氛、美化环境必不可少的手段之一。庭院灯光为夜晚的花园增添了许多温馨、浪漫和神秘的氛围（图 4-61）。

①照明

庭院灯光最基础的作用就是照明，在晚上灯光照亮整个院子，保证了庭院主人及家人活动的安全。

②丰富空间内容

庭院灯光通过明暗对比，在一片环境亮度较低的背景中突显出重点要表达的景观，吸引人的注意力。

③装饰空间

庭院灯光设计的装饰作用可以通过灯具自身的造型质感以及灯具的排列组合，对空间起到点缀或者强化作用。

④营造氛围感

利用点线面的有机结合，突出庭院的立体层次感，科学应用光的艺术，营造出温馨唯美的氛围。

（2）庭院灯的类型

庭院灯有多种分类方式，本节通过三种不同的分类方式进行介绍。

①按功能分类

院灯按功能分主要有地灯、壁灯、草坪灯、水景灯等形式，灯的选择要考虑装饰性、节能环保和安全问题（图 4-62）。

②按风格分类

院灯按风格分主要有欧式、美式、日式以及新中式（图 4-63）。

③按材质分类

院灯按材质分主要有不锈钢、铝合金、石材等（图 4-64）。

不锈钢：不锈钢材质的灯稳定性比较强，持久耐用。

图 4-61　庭院灯光丰富空间内容（黄敏强团队 摄）

图 4-62　按功能分类（黄敏强团队 摄）

图 4-63　按风格分类（黄敏强团队 摄）

铝合金　　　　石材

图 4-64　按材质分类（黄敏强团队 摄）

铝合金：铝艺灯不生锈，工艺雕刻也比较完美，颜色也多样化，可塑性强。

石材：石灯在中式和日式的庭院里使用得较多，石材相对于其他材料来说稳定性更强，使用寿命更长，但是造价相对较高。

施工与养护

庭院

施工与养护管理

政府一直以来重视农村建设问题，乡村庭院的景观设计与开发问题一直是国家与社会的重点关注对象。随着人民生活水平的不断提高，人们对乡村庭院景观的要求也在不断升级。同时，庭院施工的问题也应得到重视。

5.1 场地清理、放样

场地清理、放样流程大体可以分为以下几步：

①确定现场工作范围。调查地上地下现有设施现状，并进行适当的测量。

②测量、放样。进行全线红线放样，核实设计范围。

③清理场地。用地范围内的树木、灌木丛等均应在施工前砍伐或移植；对范围内的垃圾、有机物残渣及原地面以下至少30厘米内的草皮、农作物的根系和表土予以清理；将路基用地范围内的坑穴填平夯实（图5-1）。

5.2 假山、水池

5.2.1 常见的假山种类

从材质上可分为真石假山（太湖石、灵璧石、黄石、宣石、千层石、龟纹石、钟乳石、昆山石等）、塑石假山（以混凝土为原料制作而成的水泥假山、以玻璃钢纤维

图 5-1　场地清理图（黄敏强团队 摄）

强化水泥 GRC 制作而成的假山等）。

5.2.2 假山施工流程

（1）真石假山施工流程

真石假山施工流程大体可以分为以下几步：①基础施工。基础的施工做法有：桩基、灰土基础、混凝土基础。②拉底。在基础上铺置最底层的自然山石，拉底山石不需形态特别好，但要求耐压、有足够的强度。③中层施工。中层即底石以上、顶层以下的部分。④收顶。收顶即处理假山最顶层的山石。收顶用石体量宜大，以便能合凑收压而坚实稳固，同时要使用形态和轮廓均富有特征的山石。

（2）塑石假山施工流程

塑石假山施工流程大体可以分为以下几步：①结构施工。角铁柱、角铁平梁、角铁斜梁焊制施工，骨架外罩钢筋网，钢筋网上挂镀锌铁丝网，水泥砂浆塑制山体初步造型，塑制石纹石峰或纹路，再对塑制面作地仗基层处理、再喷假山高级聚合物外墙

图 5-2 假山施工图（黄敏强团队 摄）

涂料。②塑石假山工艺做法。根据效果图，用水泥砂浆塑制山峰造型，构筑假山石体构造的各种做法（图 5-2）。③塑石假山山体喷色。在同一座假山中，对下部的山石，应喷涂较深一些的颜色，对上部的山石则选较浅的颜色。④钢筋混凝土塑山加固。每隔几年对塑石假山进行维护保养，保养的内容有：内部骨架加固、表面修补、补色。

5.2.3 常见的水池种类

以人工水池为例，从结构上可分为刚性结构水池、柔性结构水池。

5.2.4 水池施工流程

（1）刚性结构水池施工流程

刚性结构水池施工流程大体可以分为以下几步：①池基开挖。目前挖土方有人工挖土方和人工结合机械挖方，可以根据现场施工条件确定挖方方法。开挖时一定要考虑池底和池壁的厚度。②池底施工。混凝土池底这种结构的水池，如其形状比较规整，则 50 米内可不做伸缩缝。如形状变化较大，则在其长度约 20 米处并在其断面狭窄处，做伸缩缝。③浇筑混凝土池壁。人造水池一般采用垂直形池壁。垂直形的池壁，可用砖石或水泥砌筑，以瓷砖、罗马砖等饰面。④池壁抹灰。抹灰在混凝土及砖结构的池塘施工中是一道十分重要的工序。它使池面平滑，不会伤及池鱼。⑤压顶。规则水池顶上应以砖、石块、石板、大理石或水泥预制板等作压顶。⑥试水。试水工作应在水池全部施工完成后方可进行。其目的是检验结构安全度，检查施工质量。

（2）柔性结构水池施工流程

柔性结构水池施工流程大体可以分为以下几步：①混凝土结构（挡土墙）施工。②基底土质改良层施工。埋设排水管→池底滤水层施工。③侧壁设置圆盘。统筹考虑橡胶防水板“排料图”，弹放墨线均布设置固定圆盘。④排气板铺设。在壁面固定圆盘安装完毕后、橡胶板铺设前，将排气板按设计位置固定于壁面上。⑤铺设侧壁、池底橡胶防水。⑥检查和补休。⑦试水。试水工作应在水池全部施工完成后方可进行。其目的是检验结构安全度，检查施工质量。

5.3 庭院构筑小品

5.3.1 常见的庭院构筑小品

常见的庭院构筑小品包括廊架、小桥、景墙、花架、树池花坛、亭榭等。

5.3.2 庭院构筑小品的施工流程

庭院构筑小品施工流程大体可以分为以下几步：以花架为例。①选料。对原料进行筛选，选择材质质地坚韧，材料挺直，比例匀称，正常无障节、霉变，无裂缝，色泽一致、干燥的木材。②放样。木工放样应按设计要求的木料规格，逐根进行榫穴、榫头划墨，画线必须正确。③加工制作。木作加工不仅要求制作、接榫严密，更应确保材料质量。④花架安装。安装木柱时先在素混凝土上垫层弹出各木柱的安装位置线及标高。将木柱放正、放稳，并找好标高，按设计要求方法固定。安装木花架时用钢钉从枋侧斜向钉入，固定完之后及时清理干净。⑤成品的防腐。木制品及金属制品必须在安装前按规范进行半成品防腐基础处理，安装完成后立即进行防腐施工。

5.4 铺装场地

5.4.1 常见的铺装材料

从铺装的材质可分为石材（花岗岩、大理石、青石板、卵石等）、木材（防腐木、塑木、竹木等）、砖材（透水砖、烧结砖、水泥砖、广场砖、植草砖等）、沥青混凝土材料等。

5.4.2 施工流程

（1）石材铺装施工流程

石材铺装施工流程大体可以分为以下几步：①清理基层。基层表面凹凸不平，应先清理基层。②放样。进入“放样”阶段，对庭院地面铺装施工进行具体规划。③排版、预铺。选择一段进行预铺，预先发现问题，及时纠偏。后期施工按此标准施工。④铺贴。铺设路面砖，随铺随用细沙填缝定位，防止砖块移位。⑤勾缝。密封铺装缝隙不应超过 2 毫米，标高一致、平整；控制扫缝标高，观感均匀（图 5-3）。

（2）木材铺装施工流程

木材铺装施工流程大体可以分为以下几步：①清理基层。基层表面凹凸不平，应先清理基层。②木龙骨安放。根据基础面层的平面尺寸进行找中、套方、分格、定位弹线，形成定位方格网，安装固定龙骨在基础必须打水平，保证安装后整个平台水平面高度一致。③角铁固定安装。木龙骨按施工图要求进行安放后，通过角铁进行固定。④防腐木刷木油、安装。木材面层刷木油，达到防水、防起泡、防起皮和防紫外线的作用。木材的安装每块板与龙骨接触处需用两颗钉。⑤清理、养护。安装完成后及时对木材表面进行清理，注意对成型产品的保护。

图 5-3　道路铺设图（黄敏强团队 摄）

（3）砖材铺装施工流程

砖材铺装施工流程大体可以分为以下几步：①清理基层。基层表面凹凸不平，应先清理基层。②测量放样及冲筋。测量人员按照轴线，进行放样。根据现场弹好的线，将方格网四角位置的标高，各按图纸要求，铺装一块砖，冲筋。③试拼和试排。铺设前对每一块砖进行试拼。试拼后按两个方向编号排列，然后按编号排放整齐。④砖材的铺设。在铺设时放在铺贴位置上的砖块对好纵横缝后用胶制锤轻轻敲击板块中间，锤到铺贴高度。

（4）沥青混凝土铺装施工流程

混凝土铺装施工流程大体可以分为以下几步：①清理基层。先将基层上面的灰尘扫掉，用清地机将里面的灰渣实力全部都清除干净。②摊铺。接下来对路面进行摊铺施工，开工之前还需要进行预热，温度不能过高。要采取人工摊铺的方式，边铺边用耙子趴平。③碾压。用机器进行碾压，碾压过程分为三步，有初压，复压和中压，直到消除痕迹为止。④等待冷却。最后等到混凝土地面全部冷却，只要温度没有超过 50℃，就可以使用了。

5.5 绿化施工流程

绿化施工流程大体可以分为以下几步：①绿化种植材料的准备。做好苗木、草皮草种及其他材料的质量鉴定，保障种植材料的质量，满足设计及合同要求、确保工程施工质量、高标准。②施工现场整理。对施工现场进行清理整治，清除包括杂草、灰土、砾石、建筑工程施工垃圾等杂物。③挖种植穴。以确定的树穴位置为中心或绿篱沟槽中线为中心线，依照标准进行挖掘。④回填浇定根水。回填土时应进行分层回填，且每层运用角结壮，打好围堰后定根水及时浇灌，支撑或保温、遮阳措施及时到位，最后在保证效果的前提下适量修剪，来提高苗木的成活率。

5.6 设备设施安装

5.6.1 常见的设备设施

常见的设备设施包括扶手栏杆、坐凳、户外家具、娱乐休闲设备、景观灯等。

5.6.2 设备设施施工流程

设备设施施工流程大体可以分为以下几步（以扶手栏杆为例）：①放样。施工前应先进行现场放样，并精确计算出各种杆件的长度。②下料。按照各种杆件的长度准确进行下料。③焊接。选择合适的焊接工艺、焊条直径、焊接电流、焊接速度等，通过焊接工艺试验验证。④脱脂去污处理。焊前检查坡口、组装间隙是否符合要求，定位焊是否牢固，焊缝周围不得有油污。⑤抛光打磨。杆件焊接组装完成后，对于无明显凹痕或凸出较大焊珠的焊缝，可直接进行抛光。对于有凹凸渣滓或较大焊珠的焊缝则应用角磨机进行打磨，磨平后再进行抛光。

5.7 园林植物养护管理

5.7.1 乔木养护管理

乔木在庭院设计中扩大绿化面积和提升绿化效果扮演重要角色，也是庭院绿化养护的重点对象。所以在乔木养护中，首先要掌握它的生长习性、环境适应能力，有针对性地进行养护管理。对于乔木病虫害管理，养护人员要及时做好农药喷洒工作。每年乔木落叶后至萌芽前喷药 1 次，生长期喷药 1~2 次。病虫害易发期间尤需要为注意。

乔木的水肥管理需要根据苗木的生长阶段及环境背景适当调整，刚栽植时，按照“少量多次”原则浇水，土壤湿润即可；苗木定植后，根据栽植时间与物候期的需水情况，适当减少浇水量。若遇到露根、松动以及土壤结块的情况，要及时处理。施肥一般选择落叶后施基肥，萌芽前施追肥，花期长的生长期中须追肥一次。

乔木栽种成活后，需要定期修剪。一般一年修剪 2 次，第一次是在初春，第二次是在落叶之后、入冬之前，通过修剪枝干，减少树干对水分、养分的需求，顺利过冬。此外，夏季日照强烈，树木的蒸腾作用和呼吸作用旺盛，需采取遮阴措施。冬季气候较为寒冷，可用包树布或草绳将树干进行包裹，保证其顺利过冬。

5.7.2 花灌木养护管理

花灌木造型多样，生机盎然，是庭院景观的重要组成部分。花灌木的养护遵循“精细养护”的原则。在病虫害的防治中以预防为主，结合防治的准则进行。选择生命力旺盛、抗逆性强的乡土植物品种，并在植物栽种前，对幼苗进行病虫害隔离检疫，确保幼苗质量。植株生长过程中还可结合水肥、修剪、化学防治等综合管理手段控制病虫害。

花灌木施肥遵循基肥充足、追肥及时的原则。注意修剪后必施肥，花灌木生长过慢还需开展根外施肥。对于水分的管理，主要以保湿为主，保证表土干而不白，注意雨后及时排水防渍，防止植物烂根而阻止植物生长。

修剪花灌木时要遵循从小到大、线条流畅、多次修剪的原则。逐年更新衰老枝条，培育新枝。对于成片栽植的灌木丛，按照中间高四周低或前高后低丛形修剪。对于多品种栽植的灌木丛，修剪时要突出主栽品种，留出适当的生长空间。对于造型灌木的修剪，要保持外型轮廓清楚，外缘枝叶紧密。

5.7.3 花卉养护管理

花卉是庭院绿化美化的关键材料，对环境及养护有较高的要求，所以要对其高度重视。花卉种植前，首先要对土壤进行杀虫处理，灭杀可能存在的虫卵。花卉生长期间，根据不同植物病虫害高发期，有针对性喷药防治，避免大面积虫害发生。喷药防治与植物修剪工作结合在一起效果会更好。

花卉浇水遵循干湿结合的原则，泥土发白，及时浇水。施肥通常以氮肥为主，结合磷、钾肥施用，切记不可以接触花卉的根部，以免烂根。开花前要控制水肥量，减慢植物生长，延长花期；开花后要及时施肥浇水，增加植物营养供给，防止早衰。注意花期浇水时，要避开花瓣，防止花瓣存水腐烂；对于不耐水湿的球根花卉、肉质花卉等，要减少水肥量供给，避免烂根。

花卉修剪时，要根据花卉长势，进行摘心、去芽、剥蕾、截枝与疏枝、剪去残花和枯叶，有时还需利用竹子和其他支架，防止花卉倾斜或倒塌，达到调整花期，规避病虫害，提高观赏性在目的。

5.7.4 水生植物养护管理

水生植物种植多采用富含腐殖质的黏土，如稻田土、塘泥等，还可在种植土上覆盖粗制砂砾，防止鱼类活动导致底泥上浮，水体浑浊。水生植物的种植密度和种植高度，需据水生植物种类和景观要求调整种植间距大小以及水深高度。由于水生生态系统比较稳定，所以水生植物防治以预防为主，多选择无毒或低毒、低残留的农药，在夏秋定期喷施。食草性鱼类会对水生植物带来的致命危害，需合理控制食草性鱼类的种类和数量。

水生植物需定期追肥，将化肥用可降解材料包裹，用量为一般植物的 10%，然后再埋到水生植物根系附近，可有效避免污染水质。杂草繁殖能力强，影响其他植物生长，要及时清除水中以及岸边的杂草及枯枝烂叶。

水生植物修剪应根据不同植物种类及生长习性进行适度修剪。修剪时要注意留芽的位置，保证剪口平滑，以免劈裂。秋季降霜后，多年生水生植物地上部分枯萎，可保留不剪，形成独特的冬季景观，待到早春再进行修剪，也有利于保护水生植物根茎部芽安全越冬。

5.7.5 草坪养护管理

草坪作为庭院设计的背景元素，在凸显庭院景观效果，彰显庭院设计主题中发挥了重要的作用，因此草坪的养护也越来越受到大家的关注。草坪一般在播种前，要先对土壤深耕翻晒除虫，再施用经过完全腐熟的肥料，结合修剪、水肥管理，同时选用抗性强的品种达到病虫害防治目的。注意化学药剂使用时要结合灌溉，利于药剂均匀分布到土壤中。

草坪施肥要施好返青肥，按照生长季节看苗施肥，重施晚秋肥的原则，少量多次进行。草坪建设初期应施基肥，生长期需追肥。草坪灌溉需根据草坪品种及土壤类型适当调整，草坪幼苗期，保证根系活动层完全湿润即可；随着草坪生长，灌溉次数逐渐减少，灌溉量逐渐增加，灌溉时间宜在早晨或傍晚。

草坪修剪有助于减少病虫害的发生，提高草坪质量，还可以促进禾本科分蘖，增加草坪密度及耐性，抑制草坪杂草，提高观赏性。草坪每次修剪不能超过自身高度的1/3，修剪到留茬高度即可，生长旺季的草坪可适当增加修剪次数和修剪长度。草坪修剪应选在露水消退后进行，修剪后要及时清理，避免枯草影响土壤水分流动和换气通气。

案例篇

乡村居民生活型庭院案例：以临安豆川村为例

案例介绍

项目位于杭州市临安区豆川村王家组，共有 21 户庭院。项目重点是开展服务乡村居民日常生活的景观环境改造。主要是庭院内部、乡村围墙、墙壁等环境提升工程。本书选择了有代表性的 02 号农户、12 号农户及其菜园设计进行呈现。

项目标签：尊重乡村“三生”空间的庭院
项目类型：乡村居民庭院
地理位置：中国 浙江 临安
主创设计：严少君　申亚梅　陈倩婷等
设计单位：浙江农林大学
庭院范围：豆川村 21 个居民庭院

图 1　设计范围

02 号庭院改造设计

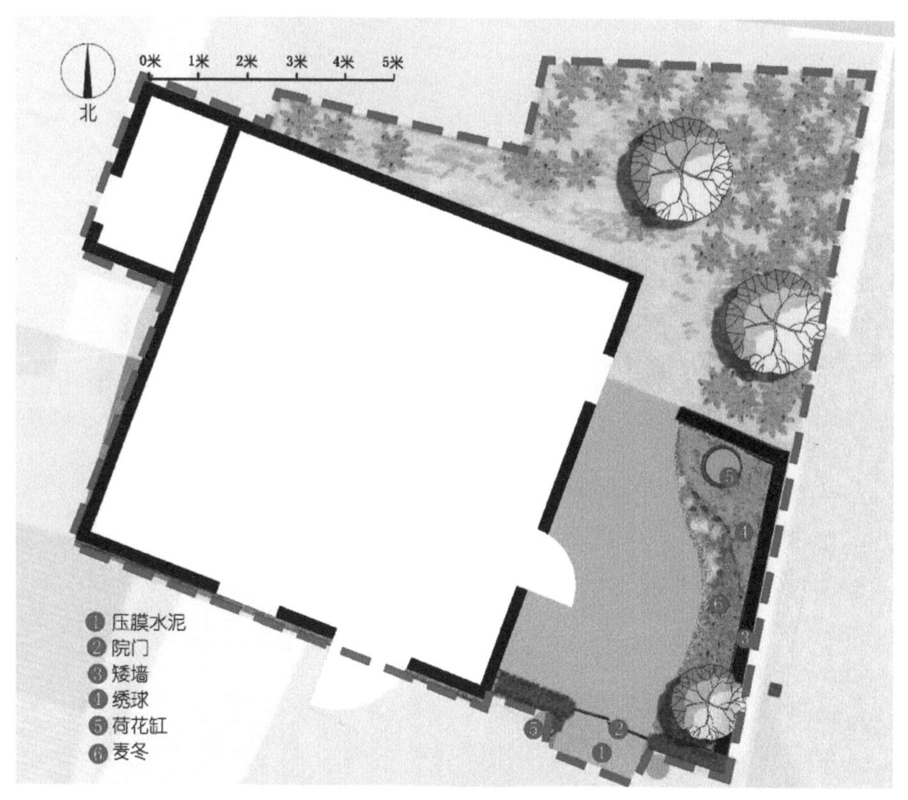

图 2　02 号家庭的庭院设计平面图

图 3　02 号家庭的庭院现状图

改造思路

尊重现场，根据庭院居民的生活习惯和喜好，开展了庭院、围墙以及柴火堆的改造设计。

改造内容

1. 台阶改造：新建压花水泥台阶。
2. 矮墙改造：在原有围墙基础上进行降层处理，外层涂黄泥加秸秆混料，顶层做防水处理，将原有水缸做荷花种植。
3. 花坛：沿原有场地，新建花坛，使用瓜子片铺地，瓦片围边。
4. 柴火堆：将原有柴火进行归纳整理。

图 4　设计效果图

图 5　建成后的场景图

12 号庭院改造设计

改造思路

根据居民的晾晒、冬季烤火、晒谷子、花卉种植等需求，进行环境整治。

改造内容

1. 柴火堆：原有柴堆场地新增堆柴架，保障功能性，堆柴架上放置花瓶点缀，增加景观性。

2. 矮墙：在庭院与广场中间新增矮墙分割，增加户主空间的私密性。

3. 花坛：新建自然石块堆砌的花坛种植玉簪、络石等植物。

4. 洗手池：洗手池在原有基础上进行改造成圆形，增加趣味性。

5. 晾衣架：新增晾衣架，便于户主衣服晾晒。

图 6　现状图

图 7　设计图

图 8　建成后的场景图

菜地的改造

改造思路

结合周边场景，选用生态材料进行空间隔离，形成不同种植区块，呈现田园风格。

图 9　现状图

改造内容

1. 菜地：采用松木桩分隔，瓜子片铺地。
2. 垂直平面：裸露黄土面用青石覆盖，并种植爬藤植物。
3. 花坛：圆石围边，种植绣球。
4. 墙绘：将古树、古桥、陈立群老师远行支教的形象融入墙绘设计。

图 10　设计图

图 11　改造后的场景图

乡村别墅庭院案例：浙江安吉·田园栖居

案例介绍

项目位于浙江省安吉县竹乡天子湖镇的乡村一隅，走进村里，白墙黑瓦、溪水潺潺，与周边景色交相辉映，村子里农房统一风格，别致有序，家家户户庭院里花草连片。基地地势北靠竹林山丘坡地，东为居民房，西临乡村道路，南面是美丽的茶山。

项目标签：园林人文寄托下与乡村融合生长的庭院空间
项目类型：私人庭院
地理位置：中国 浙江 安吉
主创设计：应芳红　李传效
设计单位：杭州凰家园林景观有限公司
用地面积：1600 平方米
建筑面积：350 平方米

图 1　现状图

设计师希望这个设计来回应全村全域创建美丽庭院，做好精品示范的规划发展蓝图，持续强化党建统领，按照“一户一处景、一区一天地、一线一风光、一村一幅画、全域大花园”的高定位，实现由一处美到一片美、全域美、全季美、全天候美的迭代升级。在现代造园技术和生活舒适度的前提下，满足居住者的精神需求，“望山见水，寄情山水、归隐田居”，勾勒出一幅新时代“田园栖居图”。

园子由多个庭院向深处推进，主要归纳为三个层次。

第一层次为停泊和庭院大门入口。为了强化这一氛围效果，入口行车道植物采用樱花大道与茶花做骨架，丰富视觉的层次效果，满足六辆以上的停车位，形成礼仪归家的仪式感。

第二层次以中央的草坪为核心，是私密的会友空间。设计需要考虑一位百岁老人日常生活，为方便老人起居，将其生活空间布置在这一个层次，并用一道纵向贯穿的矮墙落差将层次一与层次二分隔开。在这个层次中，布置了休闲亭、亲水木平台、鱼池、假山、松等元素，通过漫步体验，层次递进，诗写“进门观山水，入园赏美景”的情景感受，漫步其中，寻幽探胜，细探乾坤，意境悠然。出入门厅，一幅禅意山水画卷映入眼帘，一泓池水，水光潋滟，背景以山为名，俊秀江南。而山不在高，水不在深，明月当空，叠石为峡，绘禅意山水，而浑然天成。整体以山水画卷为蓝本，近处以水

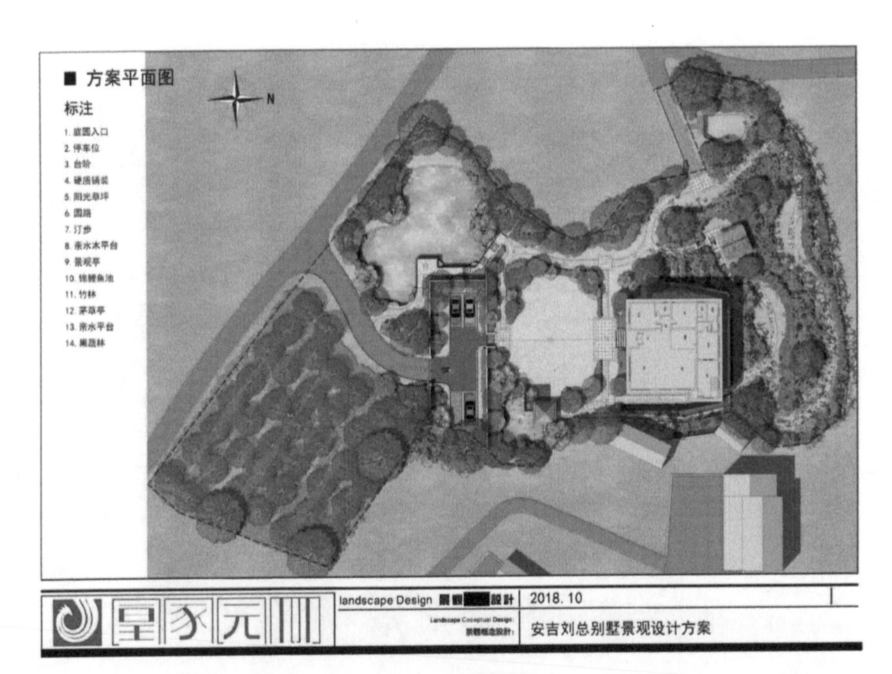

图2 设计方案图

图 3　建成后场景图一

图 4　建成后场景图二

图 5　建成后场景图三

图 6　建成后的夜景

帘营造朦胧之美。主景则以纯美水景绘制纯净之境，也给沉静的空间注入了生命力。远景以山为魂，与瀑布、跌水、亲水平台、明月构成“明月松间照，清泉石上流”的意境，所谓禅意风雅不过如此。

第三个层次为山体挡墙改造及竹林改造梳理为主，在鸟鸣清脆悦耳之间，给人以回归自然的享受。建筑在园林中，突显新时代“田园栖居”的画卷。“境是诗、是画；是园林的最高境界；于松下造境，得其淡泊；于峰岩造境，得其空灵；于江流造境，得其旷达；于烟树造境，得其幽静”。因此，在本身就已经有落差的基地中，通过空间的转折和递进来拉长游线、视线和时间，最终礼序形成一种庭院深深的韵味。

每一个人，心中都有一个院子，有他的记忆，也有他的童年，更有他的幻想，有谁想过，童年的院子，如今已经成为人生的奢想！

参考文献

[1] 任军. 文化视野下的中国传统庭院[M]. 天津：天津大学出版社，2005：7-19.
[2] 韩强. 概述庭院空间设计的起源与发展[J]. 企业导报，2011(19)：271.
[3] 陆元鼎. 中国民居建筑[M]. 广东：华南理工大学出版社，2003：122-123.
[4] 于英. 浅谈中国传统庭院[J]. 山西建筑，2008，34(35)：34-35.
[5] 王轶，孔向军，陈旭，等. 金华市新农村农家庭化建设生态模式探讨[J]. 农技服务，2009，26(11)：98-99.
[6] 周晓钟. 浅议我国农村庭院经济[J]. 安徽农业科学，2007，35(14)：286-287.
[7] 余谋昌. 生态文化论[M]. 石家庄：河北教育出版社，2001：326-328.
[8] 陈寿朋，杨立新. 论生态文化及其价值观基础[J]. 道德与文明，2005(2)：76-79.
[9] 唐德富. 我国古代的生态学思想和理论[J]. 农业考古，1990(2)：8-17，20.
[10] 何建美. 中西古代庭院空间比较研究[D]. 长沙：湖南大学，2006.
[11] 陈文芳. 绍兴地区茶叶特色村庭院生态景观营造探讨[J]. 安徽农业科学，2017，45(30)：156-159.
[12] 马宗宝，马晓琴. 人居空间与自然环境的和谐共生：西北少数民族聚落生态文化浅析[J]. 黑龙江民族丛刊，2007，(4)：127-131.
[13] SHASTRY, MANI, TENORIO. Evaluating thermal comfort and building climatic response in warm-humid climates for vernacular dwellings in Suggenhalli (India)[J]. Architectural Science Review, 2014, 59(1): 12-26.
[14] 刘霞，王志芳. 气候和文化传统双重因子影响下的庭院特征[J]. 山西建筑，2016，42(11)：220-221.
[15] 吴向阳. 杨经文[M]. 北京：中国建筑工业出版社，2007.
[16] 吉林省新农村办. 吉林省美丽庭院和干净人家创建标准（试行）[J]. 吉林农业，2015(13)：26-27.
[17] 徐文辉，赵维娅. 浙江新农村庭院经济发展模式和树种选择[J]. 江苏农业科学，2010(1)：388-390.

[18] 何淼，宫明雪，钱挽鹏，等. 基于低成本策略的乡村庭院景观营造：以黑龙江前后两院型乡村庭院为例[J]. 西北林学院学报，2017，32(5)：282-288.
[19] 于光远. 庭院利用的科学（摘录）[J]. 新疆农垦科技，1984(4)：24-25.
[20] 韩茉. 庭院经济视角下大房子村院落空间整合研究[D]. 沈阳：沈阳建筑大学，2016.
[21] 刘娟娟. 可持续发展视野下的农村庭院研究[D]. 武汉：华中农业大学，2006.
[22] 陈明. 西北地区新农村节约型庭院建设模式研究[D]. 西安：西安建筑科技大学，2009.
[23] 崔卫芳，杨改河. 三江源区庭院生态经济模式的构建及效益评价[J]. 西北农林科技大学学报：自然科学版，2013，41(12)：188-194，199.
[24] 聂晓嘉，杨梦琪，李晓雪，等. 基于“庭院经济模式”的乡村庭院规划实践：以三明市尤溪县桂峰村庭院设计为例[J]. 福建建设科技，2021(1)：8-11.
[25] 张成明. 实例分析我国传统庭院景观空间的层次性[J]. 现代园艺，2014(20)：75-76.
[26] 任军. 传统庭院本体文化与类型[J]. 华中建筑，2000，18(3)：10-15.
[27] 傅嘉维，赵建华. 在中国的韩国传统庭院：广州海东京畿园造园特色分析[J]. 中国园林，2011，27(7)：97-100.
[28] 高野好造. 日式小庭院设计[M]. 邹学群，译. 1版. 福州：福建科学技术出版社，2007.
[29] 王小军. 四川民居庭院空间的构成要素及意境营造[J]. 文艺争鸣，2011(8)：116-118.
[30] PARTALIDOU M, ANTHOPOULOU T. Urban allotment gardens during precarious times: From motives to lived experiences[J]. Sociologia Ruralis, 2017: 57(2): 211-228.
[31] 范雯雯，陈东田，吴漫，等. 乡村振兴背景下庭院景观营造实践研究：以山东省中郝峪村为例[J]. 中国城市林业，2019，17(3)：60-64.
[32] 汤康，辛显存，于东明. 泰山乡村民居庭院空间研究[J]. 山东农业大学学报（自然科学版），2017，48(5)：666-670.
[33] 刘黎明. 乡村景观规划[M]. 北京：中国农业大学出版社，2003：2.
[34] 张必芳，黄靖，杨敏，等. 中小型庭院植物景观配置探析：以白沙庭院绿化景观设计为例[J]. 安徽农业科学，2010，38(36)：20771-20774.
[35] 汪斐. 农村庭院绿化技术初探[J]. 安徽林业科技，2013，39(2)：75-76，79.

[36] 井田洋介. 花与草的庭园[M]. 龙江，译. 沈阳：辽宁科学技术出版社，2003.
[37] 井田洋介. 小庭院[M]. 龙江，译. 沈阳：辽宁科学技术出版社，2003.
[38] 谷元鹏. 杭州市乡村庭院可食用性景观调查与研究[D]. 杭州：浙江农林大学，2018.
[39] 谢尔登. 院墙・栅栏[M]. 于蕾，张晓杰，译. 济南：山东科学技术出版社，2003.
[40] 斯特朗. 庭园装饰元素[M]. 张海峰，译. 昆明：云南科学技术出版社，2003.
[41] 凯尔比. 庭院座椅[M]. 赵全斌，郭宝德，译. 济南：山东科学技术出版社，2003.